채소·과일식
레시피

저속 노화와 다이어트를 동시에 잡는 초가공식품 디톡스

조승우 지음 | 정연주 요리 | 이지연 감수

서사원

일러두기

1 모든 재료는 깨끗이 씻은 다음 껍질을 벗겨 사용하는 것을 기본으로 합니다. 껍질째 조리하는 메뉴는 조리 과정에 기록했으니 참고해주세요.

2 허브는 깨끗이 씻은 뒤 물기를 빼서 사용하는 것을 기본으로 합니다.

3 각 레시피에 쓰이는 재료의 양은 대부분 저울 없이도 계량할 수 있지만, 정확한 계량이 필요한 경우 'g', 'ml'로 표기했으니 참고하기 바랍니다. 분량에 적힌 1컵은 종이컵 기준(200ml)입니다.

4 모든 레시피는 채소·과일식 초보자가 거부감 없이 먹을 수 있도록 염도 및 당분을 포함하고 있으니 개인의 건강 상태, 입맛에 따라 염도와 당분을 가감하세요.

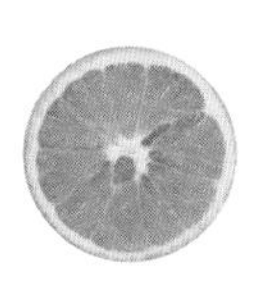

한 조각의 과일이 당신의 하루를 빛나게 하고,
한 움큼의 채소가 당신의 내일을 더 가볍게 할 것입니다.

당신이 걷는 이 길이 더 나은 삶을 향한 여정이 되길 바라며,
몸과 마음에 깊은 평온을 누릴 수 있기를 진심으로 바랍니다.

채소와 과일, 자연이 선물한 최고의 치료법

안녕하세요, 조승우입니다.

그동안 많은 고민과 정성을 담아 집필한 여러 권의 책이 독자 여러분께 큰 사랑을 받아왔습니다. 그리고 이제, 그 여정의 정수를 한 권의 책으로 담아 다시 인사드릴 수 있어 벅찬 마음이 듭니다.

이 책은 단순한 실용서가 아닙니다. 독자 여러분이 직접 경험하고 전해주신 이야기, 채소·과일식을 실천하며 겪었던 어려움, 그리고 건강한 삶을 위한 고민과 깨달음을 한데 모은 지혜의 결정체입니다. 이 책을 펼치는 순간 여러분이 나의 몸을 바라보고, 나의 몸이 원하는 것을 찾는 첫걸음을 내딛길 바랍니다.

저는 그동안 집필한 책을 통해 우리가 잘못 알고 있던 건강 상식에서 벗어나야 한다는 메시지를 전해왔습니다. 무첨가 주스인 CCA 주스를 소개하고, 간단하면서도 효과적으로 독소를 배출해 질병과 약에서 자유로워지는 방법을 전달했습니다. 또한 염증을 낮추고 비만과 요요에서 벗어나는 원리를 쉽게 풀어 설명했지요. 초가공식품의 위험성 역시 빼놓을 수 없는 중요한 주제였습니다.

하지만 아무리 좋은 이론을 이해했다 해도, 이를 실생활에서 실천하는 것은 또 다른 도전입니다. 특히 채소·과일식처럼 실천이 중요한 식단을 어떻게 하면 쉽게 시작하고, 꾸준히 지속할 수 있을지 고민했습니다. 그 고민의 결과가 바로, 이번 책 『채소·과일식 레시피』입니다. 이 책은 초가공식품으로 인한 만성 염증과 비만에서 벗어나, 진정한 저속노화를 실현하는 구체적인 실천서입니다.

이 책에는 요리를 처음 시작하는 분부터 요리에 진심인 고수까지 누구나 따라 할 수 있는 다양한 레시피가 가득합니다. 건강한 식재료를 고르는 법, 요리하는 법, 그리고 식생활 습관을 개선하는 방법까지 체계적으로 정리했습니다. 책 속 레시피를 응용해 자신만의 방식으로 발전시킨다면, 이 책은 단순한 요리책을 넘어 평생을 함께할 건강한 동반자가 되어줄 것입니다. 이제 초가공식품이 불러오는 각종 질병에서 벗어나 진정한 건강과 행복한 노화를 맞이할 시간입니다. 채소·과일식을 통해 몸과 마음의 평온을 찾길 진심으로 바랍니다.

끝으로 이 책이 세상에 나올 수 있도록 힘을 보태주신 정연주 선생님, 이지연 선생님, 그리고 서사원 출판사 직원 여러분께 깊은 감사를 전합니다. 무엇보다 채소·과일식을 포기하지 않고 꾸준히 실천해주시는 많은 독자 여러분께 존경과 사랑을 보냅니다. 고맙습니다. 사랑합니다.

진실된 건강 정보를 전달하기 위해
날마다 공부하고 노력하는
조승우 드림

INSTRUCTIONS:
Grease the molds with
the chocolate in
Melt
marie. Stir to
liquid. Spoon
bit of peanut
more
unmold
Sprinkle a pinch of sea salt
enhace the taste. (Before 1st step)

단조로운 식탁에 생동감을 불어넣는 먹음직스러운 식사

저는 여행을 떠날 때마다 현지의 마트와 시장을 구경하는 것이 가장 큰 즐거움입니다. 많은 여행자가 낯선 땅에 도착해 나무와 꽃을 바라보며 자신이 새로운 기후와 환경 속에 들어왔음을 실감하듯, 저에게는 이국적인 식재료가 주는 색다름과 신선한 영감이 그러합니다. 부엌에서 보내는 시간이 많은 사람이라면 저와 같은 기분을 느끼리라 생각합니다.

그런데 혹시 눈치채신 적 있나요? 대부분의 마트는 신선한 채소와 과일로 입구를 가득 채웁니다. 마트에 들어서는 순간 갓 수확한 듯한 농산물의 신선함과 생동감이 시선을 사로잡고, 이곳에서의 쇼핑이 분명 즐거운 경험이 될 것 같은 기대감이 밀려옵니다. 소비자의 마음을 움직이는 마트의 이 배치는 단순한 전략이 아니라 우리가 신선한 자연의 색감을 본능적으로 반기고 매력을 느낀다는 사실을 보여줍니다.

식생활이 점점 풍요로워지면서 우리의 식탁 한가운데는 육류와 초가공식품, 정제된 탄수화물이 차지하기 시작했습니다. 하지만 우리는 여전히 자연이 선물한 신선한 채소와 과일을 마주할 때 감탄하고, 본능적으로 식욕을 끌어올리게 됩니다. 그런 흐름을 본다면 마트 입구를 장식하는 채소와 과일을 식단의 중심에 두는 것이 최고의 선택 아닐까요?

이 책에서는 동서양의 다양한 채소·과일식 레시피를 소개하며, 맛있고 건강한 식단을 지속할 수 있도록 돕는 것을 목표로 삼았습니다. 건강한 식사가 꼭 단조롭고 재미없어야 하는 것은 아니지요. 그 주인공이 가장 향기롭고 아름다운 우리의 채소와 과일이라면 더욱 그렇습니다. 간단하면서도 흥미로운 조리 노하우, 그리고 독창적인 아이디어가 담긴 레시피를 통해 일상 속에서 쉽고 맛있게 채소·과일식을 실천하길 바랍니다.

더욱 맛있는 레시피를 선보이기 위해
분주히 만들고 맛보는
정연주 드림

느리지만 올바르게 밥을 먹는다는 것

매일의 식사는 단순히 허기를 채우는 일이 아닙니다. 그것은 몸과 마음을 돌보는 가장 기본적이면서도 강력한 실천이지요. 하지만 저 역시 이러한 사실을 깨닫기까지 수많은 시행착오를 겪었습니다.

20대 시절 저는 눈에 보이는 것만이 전부라고 믿으며 유행하는 원푸드 다이어트에 몸을 혹사시키기도 했고, 절식과 폭식을 반복하며 체중 유지에만 몰두하기도 했습니다. 결혼 후 미국에서 생활할 때는 화려하고 유혹적인 초가공식품들로 배를 채우기 바빴습니다. 그 결과 체중 증가와 생리불순, 소화불량에 시달렸고, 짜증과 우울감, 스트레스가 일상이 되었습니다. 계절이 바뀔 때마다 비염과 피부 트러블이라는 불청객도 어김없이 찾아왔지요.

임신을 준비하며 다시 건강한 삶을 간절히 바라던 순간 저는 처음으로 채소와 과일을 갈아 마시는 그린 스무디를 만났습니다. 당시 미국에서는 생채소와 과일을 가열하지 않고 섭취하는 로푸드(raw food) 열풍이 불고 있었고, 그 변화는 제 삶을 놀랍도록 바꿔놓았습니다.

매일 아침 마시는 신선한 그린 스무디는 단순한 한 끼가 아니었습니다. 새콤달콤한 한 잔이 주는 가벼운 포만감 속에서 체중이 줄고 피부가 맑아졌으며, 하루의 피로가 줄어드는 것을 경험했습니다. 가장 놀라운 것은, 체중 감량을 목표로 애쓰던 시기에는 결코 얻을 수 없었던 건강과 활력이, 채소와 과일이 자연스레 내 삶의 일부가 되면서 찾아왔다는 점이었습니다.

이후 저는 다양한 요리법을 탐구하며 자연식의 가치를 깨닫게 되었습니다. 그동안 배웠던 식품영양학 지식이 생활 속에서 살아나기 시작했고, 생애주기별 영양학과 요리를 접목한 책을 집필하는 계기가 되었습니다.

현대 사회에서 식사는 점점 더 빠르고 편리한 방식으로 변화해 가고 있습니다. 효율성을 추구하는 대량생산 시스템 속에서 우리가 먹는 음식에는 알지 못하는 수많은 첨가물과 정제된 성분들이 포함됩니다. 그것들은 즉각적인 포만감을 주지만, 장기적으로는 몸과 마음의 균형을 깨뜨리지요. 초가공식품은 염증성 질환을 유발할 뿐만 아니라, 우리 몸속 장내 미생물의 균형을 깨뜨리기도 하여 면역력 저하와 만성질환의 원인이 되기도 합니다.

식탁에서도 계절의 경계는 점차 흐려지고 있습니다. 언제든 원하는 식재료를 손쉽게 구할 수 있지만, 그 과정에서 자연의 순리와 몸의 균형이 무너지고 있다는 사실을 우리는 종종 잊곤 합니다. 계절을 거스른 초가공식품이 자연의 흐름뿐 아니라 우리 몸의 리듬까지 흐트러뜨리며, 자신도 모르는 사이 건강을 위협하고 있는 것이지요.

수많은 영양학적 연구와 경험을 통해 깨달은 한 가지 원칙이 있습니다. 가공된 음식이 아니라 자연 그대로의 '진짜 음식'으로 나를 채워야 한다는 것입니다. 조승우 작가님의 채소·과일식을 처음 접했을 때, 저는 이 철학이 제가 실천해 온 식습관과 닮아 있어 무척 반가웠습니다.

채소와 과일에는 유해한 환경으로부터 스스로를 보호하기 위해 생성된 식물성 영양소(파이토케미컬)가 풍부하게 들어 있습니다. 이 자연의 선물들이 우리 몸에서 어떤 역할을 하는지 책에서 간략히 소개했습니다. 각 식품이 가진 특성과 장점을 이해하고 다양한 재료를 활용해 균형 잡히고 다채로운 식탁을 차려 건강한 식단을 구성하기를 기대합니다.

여러분이 매일 먹는 한 끼가 이 책과 함께였으면 좋겠습니다. 적어도 하루 한 끼만큼은 초가공식품이 아닌 제철의 신선한 식재료로 만들어진 요리를 통해 자기 자신을 돌보고, 몸과 마음을 정성스레 채우는 시간을 가졌으면 합니다. 최소한의 재료와 시간으로도 충분히 만족스럽고, 온전히 그 맛을 느낄 수 있는 하루가 될 수 있어요. 오늘도 자연이 주는 풍요로운 끼니로 건강한 하루 보내세요.

소박하지만 풍성한 식사를 위해
두 아들과 짝꿍을 위한 끼니에 오늘도 온 마음을 쓰는
이지연 드림

Contents

Part 3

간단하게 만드는 영양 가득한 식사

Part 4

심심한 입과 허전한 배를 채우는 디저트&간편식

Opening

간편하고 쉬운 채소·과일식을 위해

Vegetables & Fruits Recipe

로즈메리 Rosemary
민트 Mint
딜 Dill
바질 Basil
라벤더 Lavender
고수 Coriander

Herb

허브의 종류와 사용법

강한 양념이 들어간 자극적인 음식이 생각날 때는 어떻게 해야 할까요. 자꾸만 생각나는 그 맛을 다른 맛으로 대체하자니 아쉽고, 그냥 먹자니 건강에 좋지 않을 것 같죠. 이때는 '향'을 대안으로 삼아보세요. 허브는 강한 양념을 잊게 할 만큼 색다른 경험을 선사해줄 거예요.

허브는 다양한 용도로 활용할 수 있어요. 대중적으로 잘 알려진 것은 차로 우려 마시거나 요리에 넣어 굽고 끓이는 것이죠. 그러면 자연스럽게 풍미를 더하면서도 부담 없이 허브의 향을 즐길 수 있답니다. 작은 잎사귀 하나에도 건강을 생각하는 지혜와 깊은 향이 깃들어 있는 허브로 가볍고 조화로운 식생활을 누려보세요.

딜 ***Dill***

딜은 감자와 잘 어울리는 허브입니다. 잎이 부드럽고 약해서 가열하지 않는 차지키소스, 샐러드나 파스타 토핑 등에 넣습니다. 향을 강하게 느끼고 싶다면 먹기 직전에 넣으세요.

민트 ***Mint***

주로 과일, 스무디, 클렌징 워터, 디저트에 넣어 먹는 허브입니다. 가열하면 향이 약해지니 먹기 직전에 넣는 것이 좋습니다.

라벤더 ***Lavender***

은은한 보라색 꽃이 피는 허브로 진정 효과가 있어 차나 오일, 향낭 등에 즐겨 사용합니다. 음식에는 주로 디저트 등에 넣는데요, 독특한 향이 나는 효과를 낼 수 있습니다. 연보라색이 선명하고 색이 바래지 않은 것을 고르도록 합니다.

로즈메리 ***Rosemary***

줄기가 굵고, 가열해도 향이 살아 있는 허브로 뜨거운 음식을 조리할 때 넣었다가 요리가 완성되면 건져냅니다. 때로는 곱게 다진 잎만 요리에 넣기도 합니다.

바질 ***Basil***

바질은 페스토를 만들 때 쓰는 대표적인 허브로, 민트처럼 시원한 향과 부드러운 식감이 특징입니다. 열을 적게 가해 조리하는 것이 좋고 토마토, 견과류, 치즈 등과 잘 어울립니다.

고수 ***Coriander***

특유의 향 때문에 호불호가 강한 허브입니다. 고수를 좋아하지 않다면 파슬리처럼 대중적인 허브로 대체해서 사용해도 좋습니다. 고수는 주로 잎만 먹지만 여기에서는 부드러운 줄기도 조리했습니다.

파슬리 ***Parsley***

싱그러운 풀 향기가 매력적인 허브입니다. 음식에 잎만 뜯어 넣거나 얇은 줄기까지 송송 썰어 넣어도 됩니다. 파슬리는 곱슬곱슬 파마머리처럼 생긴 파슬리와 잎이 평평한 이탈리아 파슬리가 있습니다. 곱게 다질 때는 어느 것을 쓰든 무방하지만, 굵게 다질 때는 이탈리아 파슬리를 추천합니다.

오레가노 ***Oregano***

주로 말린 형태로 많이 접하는데, 말려도 강렬한 풍미가 매력적인 것이 특징입니다. 그리스산이 향이 좋은 편이며, 토마토 소스 등에 살짝 뿌리기만 해도 순식간에 지중해 요리의 정취를 낼 수 있습니다.

타임 ***Thyme***

로즈메리와 마찬가지로 가열해도 향이 살아 있는 허브입니다. 육류, 마늘, 뿌리채소, 레몬 등 다양한 식재료와 잘 어울립니다.

루꼴라 ***Arugula***

맵싸하고 고소한 풍미가 나는 잎채소로 샐러드나 피자, 파스타 등 다양한 요리에 사용할 수 있습니다. 잎이 크고 부드러운 루꼴라와 작고 매운 향이 강한 와일드 루꼴라 등이 있어 취향에 따라 골라 먹을 수 있습니다.

차이브 ***Chive***

영양부추 대신 사용하기 좋은 비슷한 허브로 부드러운 파 향이 납니다. 서양에서는 주로 달걀이나 감자를 활용하는 요리, 수프 등에 즐겨 사용합니다. 너무 질기지 않고 곧고 선명한 녹색을 띤 것을 고릅니다.

월계수 ***Bay leaf***

말리거나 말리지 않은 잎을 소스나 수프, 스튜 등에 넣어 향을 더하는 용도로 씁니다. 잎이 질긴 편이라 먹지는 않기 때문에 요리가 완성되면 건져내야 하는 허브입니다.

실파

가늘고 부드러운 파를 총칭하는 이름입니다. 소스부터 국, 찌개, 볶음 요리, 양념장 등 다양한 곳에 활용할 수 있습니다. 잎에 탄력이 있고 선명한 녹색인 것을 고르고, 파 뿌리는 잘 씻어서 냉동 보관하여 육수를 낼 때 쓰면 좋습니다.

영양부추

실부추에 속하는 품종으로 서양의 차이브를 대체할 수 있습니다. 일반 부추보다 파 향이 강하며, 송송 썰어서 양념장이나 드레싱, 샐러드, 나물 등에 활용할 수 있습니다.

고추

국, 무침, 볶음 요리에 향과 매운맛을 더해 입맛을 돋우는 용으로 쓰기 좋습니다. 레드 페퍼 플레이크, 파프리카 가루 등 나라마다 말린 고춧가루를 다양한 형태로 생산하는데, 서로 대체하기 힘든 경우가 많아 레시피에 지정된 것을 쓰는 것이 좋습니다.

마늘

우리나라에서 절대 빼놓을 수 없는 식재료로 생으로 먹으면 맵고 아린 맛이 나고, 익혀 먹으면 단맛이 강해집니다. 위가 약한 분은 되도록 익혀 먹는 게 좋습니다. 오일에 절이더라도 매운 맛이 아주 강해질 수 있으니 주의해주세요.

깻잎

우리에게는 친숙하지만 서양에서는 가장 낯선 허브 중 하나로 특유의 향과 부드러운 식감이 매력적입니다. 쌈 채소는 물론 장아찌와 전 등 다양하게 활용할 수 있습니다. 선명한 녹색을 띠고 두께가 적당한 것을 골라 구입한 뒤 빠르게 소비하는 것이 좋습니다.

JANDARI VILLAGE
잔다리
볶은 검은콩가루
220 g
햇살담은
조림요리의 맛있는 시작
조림간장
SINCE 1997
현미식초
SRIRACHA
스리라차 소스
275g (360kcal)
고소하게 볶은
N637
トモエ
みそ
蔵仕込
UNA SPREMUTA DI OLIVE
MONINI
dal 1920
Classico
for dressing and cooking
EXTRA VIRGIN

Condiment

양념의 종류와 구매법

우리가 먹는 음식은 곧 우리의 건강과 연결됩니다. 특히 양념은 매일 사용하는 식재료 중 하나로, 음식의 맛뿐만 아니라 몸에 미치는 영향도 무시할 수 없습니다. 아무리 신선한 식재료를 사용하더라도 인공 첨가물이 들어간 양념을 쓰면 건강에 부담이 될 수 있습니다. 성분표를 확인하면 어떤 재료와 첨가물이 들어갔는지 알 수 있어 나의 건강을 위한 최고의 선택을 할 수 있지요. 여기에서는 성분표를 읽을 때 기본이 될 정보를 하나씩 설명하겠습니다.

기름

올리브오일

올리브유는 산도가 낮고 좋은 품종의 저온압착을 한 '엑스트라버진'을 추천합니다. 질 좋은 엑스트라 버진 올리브오일은 고온으로 조리 시에도 발연점이 높아 더욱 안전하며 드레싱으로도, 조리에도 범용해서 사용할 수 있어 구매 시 발연점을 꼭 확인하시면 좋습니다. 기름의 사용을 최소화하고 싶을 때는 스프레이 타입을 활용해 보세요. 에어프라이어에 조리 시 얇고 넓게 분사가 가능하며, 소량으로도 조리가 가능하답니다.

튀김용 기름

튀김용 기름은 발연점이 높고 비교적 산화가 쉬운 기름 중 오메가3와 오메가6 함량을 확인해 고르도록 합니다. 발연점이 낮으면 낮은 온도에서 기름이 기화되며 산패가 진행되고, 기름 속 오메가6 함량이 높으면 염증을 유발할 수 있을 뿐만 아니라, 일부 기름에는 GMO 이슈가 있어 튀김용 기름을 선택할 때는 많은 주의가 필요하지요. 이런 관점에서 발연점이 높고 산화 안정성이 잘 유지되는 아보카도 오일과 퓨어 등급의 올리브유를 추천합니다.

들기름&참기름

들기름과 참기름은 모두 고온에서 산화되기 쉽고 영양소가 파괴되므로 저온압착 방식으로 짜낸 상품으로 준비해주세요. 들기름은 불을 끄고 난 뒤 재료에 향을 입힌다는 개념으로 사용하세요. 참기름은 볶음용 기름으로 많이 썼지만 앞서 얘기했듯이 산화가 되기 쉬우므로 고온 조리에는 적합하지 않습니다. 저온압착 제품이더라도 고온에서 조리한다면 산화되는 건 마찬가지이고요. 따라서 들기름과 마찬가지로 요리 완성 전에 둘러 향을 입히는 개념으로 사용해주세요.

간

소금

바다가 오염되면서 바닷물로 만드는 소금이 안전한 것인지에 관한 문제 제기가 지속되고 있어요. 사람들은 대안으로 히말라야 소금을 택하기도 하는데요, 우리는 어떤 소금을 먹어야 할까요? 건강을 위해서라면 나트륨 함량이 낮고 불순물이 적은 소금이 좋겠지요.
히말라야소금은 나트륨 함량이 천일염보다 적고 철분을 포함하고 있어 핑크색을 띕니다. 김치, 장류를 담그기에 적합하지 않지만 고기를 찍어 먹을 때 간을 맞출 때 등 상황에 맞게 쓸 수 있지요. 천일염은 바닷물을 증발시켜서 만드는데요, 우리 몸에 필요한 미네랄, 마그네슘, 칼슘, 칼륨이 풍부합니다.
요즘에는 천일염의 쓴맛을 없애기 위해 간수를 뺀 소금도 등장했는데요, 맛은 좋아졌지만 나트륨 함량은 더 높아졌으니 사용에 주의하세요. 양파소금, 마늘소금처럼 천연 양념을 조합하여 만든 소금도 등장했는데요, 첨가물이 포함되어 있을 수 있으니 원재료를 꼭 확인하세요.
불순물과 오염도 적은 소금을 찾는 것도 중요하지만 무엇보다 건강한 바다 생태계를 위해서 플라스틱 사용을 제한하고, 환경 운동에 관심을 갖는 게 우선임을 기억하세요.

간장

마트에 가면 진간장, 국간장, 조림간장, 양조간장, 조선간장 등 다양한 간장이 있습니다. 이 중에서 어떤 것을 골라야 할지 모르겠다면 쓰임새를 확인하세요.
국간장은 메주를 발효해서 만들며 매우 짠 게 특징이에요. 국간장은 조선간장, 한식간장, 전통간장, 재래간장으로도 불립니다. 진간장은 볶음, 무침에 쓰는 간장이에요. 대부분 전통 방식의 간장과 화학적 간장을 섞어 만듭니다. 양조간장은 소스에 많이 사용하는 간장으로 왜간장, 일본간장으로도 불립니다. 맛간장은 달달한 맛을 내는 용도로 주로 아기 음식에 쓰여요. 맛간장에는 설탕이 들어간 제품이 있을 수 있으니 성분표를 확인하세요.
요즘은 첨가물을 줄이거나 염도를 낮춘 간장을 살 수 있는데요, '저당맛간장' 또는 '저염간장' 등을 검색하여 개인의 취향에 맞는 간장을 찾아보시기 바랍니다.

액젓

참치액젓, 멸치액젓, 홍게액젓, 까나리액젓, 새우젓 등 간과 풍미를 올리기 위해서 사용하는 액젓이 있습니다. 참치액젓은 감칠맛이 강한 편이어서 다양한 요리에 두루 쓰이고, 홍게액젓은 국물 요리에 잘 어울리죠. 멸치액젓, 까나리액젓은 김치에 들어가는 재료이기도 하지만 요즘은 국물에 아주 소량 넣어 감칠맛을 느끼기도 하지요.
어떤 액젓을 사용하든 나트륨 함량, 첨가물 여부를 꼭 확인해야 합니다. 감칠맛을 내기 위해 인공 감미료를 많이 넣기도 하니 꼭 제품의 성분표를 확인하고 사는 습관을 길러야 합니다.

된장

된장은 메주와 소금물을 발효하여 만든 장입니다. 이에 반해 미소된장(이하 미소)는 삶은 콩, 쌀누룩을 발효시켜 만들어요. 발효 기간이 짧고 된장보다 짠맛이 덜하고 단맛은 강하답니다.
된장과 미소 모두 발효 식품으로 건강에 좋지만 일부 제품에는 첨가물이 들어가 있어 건강에 이롭다고 할 수 없어요. 따라서 성분표를 꼭 보고 사야합니다.
높은 단백질과 유산균 효과를 얻고 싶다면 된장, 나트륨이 적고 소화 흡수가 잘되는 걸 원한다면 미소를 선택하세요. 최근 저염 된장도 구할 수 있는데요, 나트륨 함량이 너무 낮으면 인공 첨가물이 들어갈 수 있으니 주의하세요.

	된장	미소
원재료	메주, 소금물	삶은 콩, 쌀누룩
맛	짠맛, 깊은 감칠맛	단맛, 부드러운 감칠맛
요리	찌개, 무침 등	일본식 된장국, 소스 등

고추장

전통 방식으로 만드는 고추장에는 고춧가루, 메주가루, 찹쌀이나 보리, 엿기름, 소금이 들어가요. 하지만 시중에 판매되는 제품에는 생산 문제와 현대인의 입맛에 맞게 변형된 제품이 많습니다. 이런 고추장에는 단맛을 내기 위해 액상과당을 넣는 경우가 있고, 감칠맛을 내는 화학 조미료가 들어가기도 하지요.
요즘은 유튜브, 블로그를 통해서 집에서 소량의 고추장을 만들 수 있는 레시피를 배울 수 있어요. 만드는 방법이 꽤 간단하니 수제 고추장을 만들어보는 것을 추천합니다.

치즈&버터

파르메산 치즈

파르메산 치즈(Parmesan Cheese)는 이탈리아 치즈로 흔히 피자 위에 뿌려 먹는 가루치즈입니다. 파스타, 샐러드 등에 뿌려서 감칠맛을 올려주는 역할을 하는데요. 간혹 시중에서 파는 가루 치즈 중에는 첨가물이 들어간 치즈가 더러 있습니다. 따라서 고체 형태의 파르메산 치즈를 사서 필요할 때 갈아 쓰는 게 가장 좋습니다. 만약 가루로 된 제품을 사야 한다면 방부제와 셀룰로스 등의 첨가물이 없는 제품을 선택하세요. 고체 파르메산 치즈는 랩으로 잘 싸서 냉동실에 넣어야 오랫동안 보관할 수 있습니다.

버터

버터는 식용유의 일종으로 우유 속 지방을 모아서 고체 형태로 가공한 것을 일컫습니다. 요리의 풍미를 내기 위해 자주 쓰이는 식재료이기도 하지요. 마가린은 처음 유럽에서 버터 대용품으로 보급한 제품입니다. 저렴한 가격이 장점이지만, 만드는 과정에서 트랜스지방이 생겨 건강에 악영향을 끼칠 수 있습니다. 따라서 질 좋은 버터나 최근 기술로 트랜스지방이 거의 없게 만들어진 마가린을 선택하도록 하세요.
버터에는 소금이 들어간 가염 버터, 소금이 들어가지 않은 무염 버터가 있는데요, 기호에

	버터	마가린
원재료	유크림	식물성 기름
용도	베이킹, 요리, 스프레드 등	주로 공장형 베이커리, 크래커 등
영양 성분	유지방, 오메가 3, 비타민A, D, E	포화지방, 트랜스지방 포함 가능

따라서 선택하면 됩니다. 목초 비육한 소에서 짠 우유로 만든 그라스페드버터는 오메가-3가 풍부하여 건강에 이롭습니다.
기버터는 우유 크림에서 수분과 유당을 제거한 형태인 버터입니다. 고온에서 요리가 가능하며 유당불내증을 유발하지도 않아요. 항산화 성분, 비타민이 풍부해 더 많은 영양소를 섭취하고 싶다면 기버터도 좋은 대안이 됩니다. 단, 칼로리가 높은 편이니 사용에 주의하세요. 발효버터는 생크림에 유산균을 첨가해 만든 버터입니다. 장 건강을 생각한다면 발효버터도 좋은 대안이 됩니다.

	그라스페드버터	기버터	발효버터
원재료	목초육의 우유	순수 버터	발효된 생크림
강점	오메가3, 비타민A	항산화 성분, 유당 없음	비타민A, 프로바이오틱스 포함

식초

곡물식초

음식에 산미를 더하는 식초에는 다양한 종류가 있습니다. 그중 곡물을 주 원료로 만드는 식초가 있는데요 이중에는 흰쌀로 만드는 '쌀식초', 현미로 만드는 '현미식초'가 있습니다. 쌀식초는 은은한 단맛이 있어 초밥, 샐러드, 조림에 쓰입니다. 현미 식초는 쌀식초보다 신맛과 풍미가 더 깊고 은은한 단맛이 있어 한식, 샐러드, 피클 등 다양한 음식에 두루 쓰기 좋습니다.
건강을 선택한다면 당 함량이 낮고 첨가물 없이 만드는 현미식초를 추천합니다. 천연 발효된 현미식초는 당이 들어가지 않으며 첨가물 없이 제조되는데요, 시판용 제품 중에는 첨가물이 있는 경우도 있으니 꼭 성분표를 확인하기 바랍니다.

과일식초

최근 인기를 얻고 있는 식초로는 '애플사이다비니거'라고 불리는 '애사비'가 있지요. 애사비는 자연발효식초로 대부분 공장에서 빠르게 발효시키거나 첨가물을 넣은 주정발효식초와 다른 식초라는 걸 기억해야 합니다. 과일식초를 고를 때는 이처럼 자연발효를 하는 식초를 골라야 합니다. 한때 유행했던 석류나 블루베리식초는 유형 자체가 음료 베이스로 식초와는 다른 음료를 위한 제품이며 당 또한 높으니 참고하세요.

식초를 고를 때는 자연발효, 무첨가, 100% 발효식초를 찾고 성분표를 꼭 확인하기 바랍니다.

	사과식초	레몬식초
특징	항산화 효과, 장 건강에 도움	소화 촉진, 피로회복
맛	부드러운 산미	약간 강한 산미
활용	샐러드, 고기, 피클	샐러드, 해산물, 디톡스 음료

와인식초

와인식초로 대표적인 것은 '레드와인식초', '화이트와인식초'가 있습니다. 이 두 식초는 와인이 자연 발효되면서 식초로 변한 것에서 유래되었습니다. 프랑스 이탈리아 등 유럽에서는 자주 쓰이는 조미료입니다.

레드와인식초는 대부분 자연 발효 제품이 많지만 화이트와인식초는 단맛을 위해 감미료가 들어갈 가능성이 높습니다.

레드와인식초, 화이트와인식초는 단맛과 과일 향이 두드러지므로 샐러드와 잘 어울립니다. 신선한 향은 살리고 시큼한 맛은 줄이고 싶다면 식초 대신 레몬이나 라임을 준비해두었다가 요리할 때 바로 즙을 짜서 사용하는 것을 권장합니다.

매운맛

스리라차 소스&핫 소스

스리라차 소스는 태국의 매콤한 소스로 칼로리가 낮아 다이어트를 할 때 조미료나 드레싱으로 널리 쓰이곤 합니다. 단순한 식단이 지루할 때 건강한 매콤한 맛으로 입맛을 당기게 하는 용도로 쓰기 좋습니다. 기본적으로 스리라차 소스는 태국 고추, 마늘, 식초, 소금이 들어가는데요. 맛을 위해서 설탕 등의 첨가물을 추가하는 제품도 있으니 성분표를 확인해야 합니다.

핫 소스는 미국, 멕시코 등지에서 많이 쓰이는 매운 조미료입니다. 매운 고추(타바스코), 식초, 소금으로 만들며 신맛과 짠맛이 강한 편입니다. 천연 발효 제품이 많아 첨가물이 거의 없지만 나트륨이 높습니다.

레드 페퍼 플레이크

레드 페퍼 플레이크는 고추를 씨째로 굵게 빻아서 사용하는 것이 특징입니다. 우리나라의 고춧가루와 달리 비교적 매운맛이 덜한 편이며 입자 또한 달라서 고춧가루의 대체품으로 사용하기 힘듭니다. 양념으로 쓰기도 하고 완성된 요리 위에 뿌려 장식하는 용도로 사용하기도 합니다.

	레드 페퍼 플레이크	고춧가루
원재료	케이엔 페퍼, 태국 고추	태양초 고추, 청양 고추
맛	강한 매운맛	감칠맛
질감	거칠게 빻은 질감	곱게 간 질감
활용	피자, 파스타, 스테이크 등	찌개, 김치 등

단맛

설탕

요즘 여러 매체에서 단순 당을 멀리해야 한다는 이야기를 들었을 거예요. 단순 당은 몸에 빠르게 흡수되어 혈당을 급격하게 상승시키는 재료입니다. 단순 당의 대표로는 설탕이 있는데, 설탕은 사탕수수에서 당을 추출하고 정제하여 만들어집니다. 한때는 백설탕 대신 비정제 원당이나 자일로스 설탕 등이 인기를 끌었는데요. 요즘은 코코넛슈가, 메이플 시럽, 대추시럽과 같은 천연 당류의 소비가 늘고 있습니다. 하지만 천연 당류는 가격이 높다는 점과 특유의 맛과 향이 있어 호불호가 있는 편이니 구매 시 참고하기 바랍니다. 혈당 관리를 엄격히 하고 싶다면 알룰로스, 스테비아를 추천합니다.

요리에서 단맛은 빠져서는 안 될 중요한 맛이며, 설탕은 단맛을 내기 위해 쓰는 대표적인 식재료입니다. 그러니 무조건 설탕을 빼고 요리를 만들기보다 그 양을 줄이거나 대체재를 쓰면서 건강한 단맛을 찾는 과정을 밟아보길 바랍니다.

	설탕	코코넛슈가	사탕수수결정	대추시럽	메이플시럽
원재료	사탕수수 정제	코코넛꽃	사탕수수	대추야자 열매	메이플 나무 수액
특징	-	미네랄	-	항산화, 철분, 칼륨	칼슘, 망간, 아연

올리고당

볶음, 조림, 구이 등 다양한 요리에 단맛과 윤기를 담당해온 물엿은 고도로 정제된 액상당이며 첨가물이 많이 들어 있습니다. 액상당은 혈당을 급격히 상승시키는 원료로 잘 알려져 있지요. 혈당에 관심이 많은 요즘, 물엿을 대체할 재료에는 어떤 것이 있는지 알아볼게요.볶음, 조림, 구이 등 다양한 요리에 단맛과 윤기를 담당해온 물엿은 올리고당처럼 전

	물엿	조청	올리고당	꿀
원재료	전분	전분	전분	꽃
특징	정제 액상당	천연 감미료	프로바이오틱스	항산화, 면역력 증가

분을 분해해서 만드나 그 결과물이 거의 단당류나 이당류라는 점에서 차이가 있습니다. 올리고당보다 달고 점성과 열에 강해 조림 등의 요리에 많이 사용됩니다.
조청은 쌀, 엿기름과 같은 전분을 가지고 전통 방식으로 만드는 식재료입니다. 이 또한 원재료인 전분이 당으로 변하면서 혈당지수를 높이는 편에 속합니다. 조청은 떡, 한과, 장류를 만들 때도 쓰이는데요, 조청이 아니더라도 이런 식품은 그 자체만으로 탄수화물 함량이 높기 때문에 가급적 피하는 편이 좋습니다.
올리고당은 전분에서 올리고당 성분을 추출하여 만듭니다. 설탕보다 혈당을 낮게 상승키는 장점이 있지만 단맛이 약해 권장량 이상 쓸 수 있어요. 건강을 생각한다면 올리고당이 가장 좋은 선택이 될 수 있지만 적정량을 섭취하는 게 무엇보다 중요합니다.
설탕에 비하면 꿀은 혈당지수가 낮게 보이지만 높은 편에 속해요. 하지만 꿀에는 항산화 성분과 같은 건강에 이로운 영양소가 들어 있지요. 이를 위해 꿀을 산다면 100% 천연 꿀로 사는 것이 좋습니다.

맛술

맛술은 잡내를 없애고 단맛을 내는 데 사용되는 조미료입니다. 전통 맛술은 찹쌀과 누룩을 원료로 사용하나 시판 제품에는 설탕과 감미료가 들어간 것이 많습니다. 또한 천연 당분과 소량의 알코올 성분이 들어 있어 조리에 주의해서 사용해야 합니다. 이 책에서는 소량을 사용했지만 더 건강하게 사용하고 싶다면 정종으로 대체하거나 잡내를 없애는 데 탁월한 양파즙, 레몬즙, 생강즙을 사용하길 바랍니다.

가루

콩가루

고소하고 풋풋한 향을 더하는 콩가루는 부추찜은 물론 쌈장, 전이나 튀김 반죽 등 다양한 음식에 풍미와 영양 성분을 더하는 역할로 쓰입니다. 생 콩가루는 신선한 향을, 볶은 콩가루는 고소한 향을 가미합니다. 설탕이 섞인 디저트용 콩가루는 이 책에서 사용하지 않으니 참고해주세요.

들깻가루

들깻가루는 들깨를 갈아서 만든 가루로 국물, 볶음, 반죽, 양념 및 소스 등 다양한 곳에 사용됩니다. 들깨는 오메가-3, 단백질, 칼슘 등이 많이 함유되어 있어 건강식으로 알려져 있는데요 볶은 들깻가루와 생 들깻가루 중 어느 것을 사용하느냐에 따라 건강을 더 챙길 수 있습니다.
볶은 들깻가루는 들깨를 살짝 볶은 후 곱게 갈아서 만드는데, 볶는 과정에서 불포화지방산이 산화되어 영양소가 손실되고 맛이 변하게 됩니다. 따라서 볶은 들깻가루를 써야 할 때는 약불에서 살짝 볶아야 하며, 소량씩 볶아 빠르게 소비하는 게 좋습니다.
생 들깻가루는 날 것 그대로를 곱게 갈아서 만든 가루입니다. 볶은 들깻가루보다 고소한 맛이 덜하지만 영양소가 볶은 것보다 손실되지 않습니다. 하지만 공기와 햇빛을 받으면 산화될 가능성이 있습니다. 그러니 밀폐 용기에 넣어 냉장 보관하고 오래 보관할 시 냉동 보관하세요.

파프리카가루

파프리카가루는 파프리카를 건조한 뒤 곱게 갈아서 만든 가루입니다. 한국보다는 스페인, 미국, 멕시코 등의 요리에서 색감이나 풍미를 내기 위해 사용하고 있어요. 간혹 파프리카가루를 칠리파우더와 같은 것으로 여기는 분이 있는데요, 칠리파우더는 고춧가루와 각종 향신료를 혼합한 가루로 매운맛이 특징입니다.

강황가루

강황은 커큐민이 있어 항산화, 항염증 효과가 뛰어난 향신료이죠. 하지만 시중에 파는 커리는 강황을 포함해 다양한 향신료를 혼합한 것으로 나트륨, 당, 팜유 등이 포함된 초가공식품인 경우가 많습니다. 만약 식이조절이 필요하다면 강황가루를 활용하거나 백미밥 보다는 당질이 낮은 곡물밥을 활용해보세요.

시나몬파우더

시나몬은 스리랑카, 인도 등지에서 자라며 향이 은은하고 부드럽고 달콤하여 디저트에 사용하는 게 특징입니다.

시나몬에는 쿠마린이 함유되어 있는데 항산화, 항염증에 효과가 있다고 합니다. 하지만 과다 섭취 시 간에 부담을 줄 수 있어요. 유럽식품안전청에서는 체중 1kg당 0.1mg 이하로 섭취량을 제한했습니다.

pineapple + blueberry
+ celery + cherry
apple + grape
+ orange + mint
kale + banan
+ apple

Prep Fruits Smoothie

과일 스무디 준비하는 법

냉장고에 과일이 항상 있다면 필요할 때마다 간편하게 스무디나 스무디 볼을 만들 수 있어요. 하지만 과일은 쉽게 무르고 상하기 때문에 매번 필요한 만큼 구입하고 끼니마다 손질하는 일이 쉽지만은 않습니다. 바쁜 현대인에게는 이러한 과정이 번거롭게 느껴질 수밖에 없고, 결국 며칠 만에 포기하는 경우도 많습니다.
이런 이유로 해외에서는 '밀프렙(meal prep)'이 다시 주목받고 있습니다. 특히 채소와 과일 위주의 식단을 실천하는 분들에게 밀프렙은 건강한 식습관을 유지하는 효과적인 방법이 되고 있지요. 한 번 장을 본 뒤, 채소와 과일을 미리 손질해 여러 개의 보관 용기에 나누어 담아 두면 끼니마다 간편하게 꺼내어 먹을 수 있습니다. 손질한 과일을 소분해 냉동 보관하면 필요할 때마다 바로바로 쓸 수 있어요. 과일 밀프렙을 시도하는 분들을 위해 과일 밀프렙의 간단한 방법을 소개해 드리겠습니다.

과일 손질

냉동을 해도 본연의 맛을 잃지 않는 대표적인 과일로는 블루베리, 라즈베리, 아사이, 딸기, 체리, 망고, 파인애플, 아보카도, 복숭아, 바나나, 용과가 있습니다. 이것들은 한입 크기로 썰어 냉동 보관하면 언제든지 간편하게 사용할 수 있습니다.
시판 냉동 제품을 사는 것도 방법입니다. 잘 익은 과일을 바로 따서 씻은 뒤 급속 냉동한 경우에 시중에 판매되는 과일보다 훨씬 좋은 맛과 영양분을 유지하고 있습니다. 사용하기 전까지 냉동 상태를 유지하는 것만 기억하면 됩니다.
한입 크기로 썬 과일을 냉동할 때는 1회 분량으로 조금씩 나누어 얼려야 합니다. 한 번에 모두 넣어 얼리면 서로 엉겨붙어서 잘 떨어지지 않습니다.

잎채소 손질

잎채소는 과일과 달리 모든 재료가 냉동 상태를 잘 버티는 건 아닙니다. 흔히 파, 부추, 삶은 고사리 같은 것은 냉동 상태로 보관하는 경우가 있지만, 그 외 잎채소는 냉동 보관을 하지 않지요.
그래서 스무디에 잎채소를 첨가하고 싶을 때는 깨끗하게 씻어서 먹지 않을 부분을 손질한 다음 종이타월에 싸서 지퍼백에 넣고 냉장 보관하는 것이 좋습니다. 어떤 채소를 보관했는지 메모를 하여 냉장고에 붙여두는 것도 좋습니다.

Prep Green Smoothie

그린 스무디 준비하는 법

그린 스무디는 '녹즙'이라고 생각할 수 있지만 조금 다른 개념입니다. 녹즙과 그린 스무디 모두 잎채소를 주된 재료로 사용합니다. 하지만 맛에서 차이가 있지요. 녹즙이 씁쓸한 맛과 거친 질감을 가지고 있다면 그린 스무디는 맛과 질감을 보완해서 만드는 부드러운 음료입니다. 그린 스무디는 건강을 위해 잎채소를 먹어야 하지만 그러기 힘든 분이 부담 없이 먹을 수 있는 형태이지요. 그린 스무디를 효율적으로 만드는 방법을 알려드리겠습니다.

잎채소 선택

씁쓸한 케일, 향이 강한 셀러리 등 수많은 이유로 피하던 잎 채소를 맛있게 먹을 수 있는 기회입니다. 건강하고 달콤한 과일과 함께 먹을 것을 골라보세요. 시금치, 케일, 오이, 셀러리 잎, 로메인 상추를 가장 많이 쓰므로 이것으로 먼저 시도를 해보고 청경채, 고수, 파슬리 등의 허브, 깻잎, 부추까지 점진적으로 재료 선택에 도전을 해보세요.

바디 재료 선택

그린 스무디에서 가장 중요한 조건은 '바디감'입니다. 녹즙이 주스 같은 질감이라면 스무디는 묵직한 바디감을 줍니다. 그러니 이런 바디감을 줄 수 있는 재료가 필수이지요. 바나나, 아보카도, 파인애플, 청포도, 사과 등 맛과 향은 물론 되직하고 걸쭉한 질감이 될 바디를 선택해보세요.

액상 재료 선택

잎채소와 과일로 섬유질, 바디감을 주었다면 마지막으로 농도를 조절하고 풍미와 영양소를 가미할 액상 재료를 고를 차례입니다. 물, 두유, 아몬드 밀크, 오트 밀크, 레몬즙, 라임즙, 코코넛 워터, 탄산수 등 과당이 없는 건강한 액상 재료를 넣어보세요.

토핑 선택

토핑은 꼭 들어가야 하는 재료는 아닙니다. 하지만 가끔 토핑을 넣어서 먹기도 하는데요. 치아씨드, 아마씨, 스피루리나 같은 것을 넣어서 먹어도 좋습니다. 치아씨드는 물을 흡수하는 성질이 있으니 먹기 직전에 넣지 말고 액상 재료에 불린 뒤 스무디로 만들어야 합니다. 간혹 에너지 음료처럼 먹기 위해 단백질 파우더를 넣는 분도 있으니 참고하세요.

Prep Smoothie Bowl

스무디 볼 준비하는 법

스무디 볼은 되직한 스무디에 토핑을 올려 먹는 음식입니다. 스무디보다 포만감이 있는 편이어서 브런치 메뉴로 인기가 높지요. 스무디 볼 재료로 가장 많이 쓰는 건 아사이입니다. 아사이는 브라질 원주민이 먹던 음식인데요, 하와이에서 서핑을 하던 서퍼들이 에너지를 보충하는 음식으로 먹자 스포츠를 즐기는 사람들에게 유행이 되었지요.
스무디 볼에 올라가는 토핑은 예쁘게 장식하는 것 이상의 의미를 담고 있습니다. 견과류, 아마씨, 치아씨드 등의 식재료를 토핑으로 올리면 스무디의 질감을 해치지 않고 영양소를 챙길 수 있습니다.

냉동 과일
스무디 볼은 숟가락으로 떠먹을 수 있고 토핑을 올릴 수 있을 정도로 단단하고 되직해야 합니다. 이 질감을 위해서 얼음을 넣으면 스무디가 묽어지므로 재료 자체를 냉동해서 사용해야 합니다. 따라서 스무디 볼을 만든다면 꼭 냉동 과일을 사용하세요. 아사이도 냉동 퓨레로 쉽게 구할 수 있으니 간편하게 스무디 볼을 완성해보세요.

농도 조절
스무디 볼은 농도를 조절하는 액상 재료도 신중히 선택해야 합니다. 물, 탄산수보다 점도가 있는 코코넛 밀크, 두유와 같은 걸쭉한 질감이 있는 액상 재료를 선택하는 것이 좋지요.

다양한 토핑
손이 잘 가지 않는 마카다미아, 브라질너트, 아몬드 슬라이스 같은 견과류와 잘 먹지 않는 해바라기씨, 치아씨드, 아마씨, 햄프씨드와 같은 씨앗 종류가 있다면 토핑으로 활용해보세요. 요즘은 코코넛 칩, 카카오닙스를 넣기도 합니다. 해외에서는 코코넛 요거트나 소량의 피넛 버터, 아몬드 버터를 첨가하기도 합니다. 우리나라에서는 흑임자가루, 팥, 말차 파우더를 넣어 색감을 내기도 해요.

Part 1

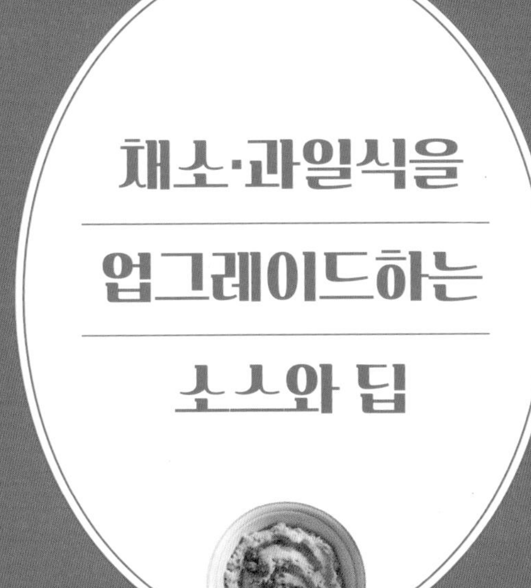

채소·과일식을 업그레이드하는 소스와 딥

Vegetables & Fruits Recipe

생체주기와 간헐적 단식

우리는 매일 식사를 합니다. 하지만 우리가 먹는 음식이 몸에서 어떻게 흡수되고, 어떤 영향을 미치는지 깊이 고민하는 사람은 많지 않습니다. 『잡식동물의 딜레마』(마이클 폴란, 2008)에 따르면 인간은 본래 자연 상태에서 다양한 식물성 식품을 섭취하며 생리적 균형을 유지해 왔다고 합니다. 그는 "우리가 먹는 것은 단순한 음식이 아니라, 우리 삶과 환경을 반영하는 요소이다"라고 강조합니다. 자연의 섭리는 우리가 건강하게 살아갈 수 있도록 모든 것을 갖추고 있습니다. 사람은 초식동물이며, 채소와 과일 위주의 식사를 하는 것이 가장 자연스러운 식습관입니다.

오늘날 우리는 과학과 산업의 발전 덕분에 다양한 식재료를 손쉽게 접할 수 있습니다. 하지만 그로 인해 오히려 자연과 동떨어진 방식으로 먹는 습관이 자리 잡기도 했습니다. 과거부터 지금까지 가공식품과 과도한 동물성 식품 섭취가 심혈관 질환과 대사 증후군의 주요 원인으로 지적되고 있습니다. 연구에 따르면 식이섬유가 부족하고 포화지방이 많은 식단은 장기적으로 건강에 부정적인 영향을 미칠 가능성이 크다고 말합니다. 지나치게 가공된 음식, 과도한 동물성 식품 섭취는 우리 몸의 균형을 무너뜨리고 있습니다. 자연의 섭리에 따라 먹고, 섭취와 동화, 배출의 주기를 올바르게 지킨다면 건강한 식생활뿐만 아니라 효과적인 다이어트도 가능할 것입니다.

- **섭취 주기** | 낮 12시~저녁 8시
- **동화 주기** | 저녁 8시~새벽 4시
- **배출 주기** | 새벽 4시~낮 12시

이 주기에 맞춰서 음식을 먹고 간헐적 단식을 한다면 몸속의 독소 배출이 빨라지고 저절로 다이어트가 되는 경험을 누릴 겁니다.

야식이 건강에 미치는 영향과 소화 주기의 중요성

야식을 먹고 일어나면 유달리 몸이 무겁고 피로감을 쉽게 느낄 때가 많습니다. 이는 소화 주기가 맞지 않기 때문입니다. 소화는 단순히 음식물을 분해하는 것이 아니라, 장에서 영양을 흡수하고 여러 경로로 노폐물을 배출하는 과정입니다.

사람의 몸은 낮에는 에너지를 생성하고 밤에는 회복과 배출에 집중합니다. 그런데 늦은 밤에 음식을 섭취하면, 원래 회복과 배출에 집중해야 할 시간이 소화 과정으로 대체됩니다. 이는 위장과 간, 신장 등의 주요 장기에 부담을 주고, 신체 피로도를 증가시키는 원인이 됩니다.

특히 탄수화물이 풍부한 음식이나 지방이 많은 야식을 섭취하면 인슐린 수치가 급격히 증가하게 됩니다. 연구에 따르면 저녁 늦게 고탄수화물 음식을 섭취하면 체내 당 대사 균형이 깨지고 체지방 축적이 촉진될 가능성이 커진다고 보고되었습니다. 야식은 위산 역류를 유발할 가능성이 높아 흔히 소화기 질환을 야기할 수 있습니다.

그렇다면 건강을 위해 어떻게 해야 할까요? 가장 좋은 방법은 저녁 식사를 7시 이전에 마치고, 이후부터 음식을 섭취하지 않는 것이 가장 좋습니다. 너무 배가 고프다면 견과류 조금, 바나나 1개 정도가 적당하지요. 하지만 되도록 상쾌한 컨디션을 유지하고, 에너지가 가득한 상태에서 하루를 보내고 싶다면 야식은 섭취하지 마세요.

배출 주기 이후 아침을 먹는 습관

잠을 자는 동안 우리 몸은 쉬지 않고 일합니다. 제일 먼저 손상된 세포를 회복시키고, 새로운 세포를 만들어 냅니다. 알츠하이머를 유발시킨다고 하는 베타 아밀로이드 단백질을 제거하는 것도 수면 중에 일어납니다. 7시간 이상 자야 치매를 예방할 수 있다는 것도 이곳에서 기인한 말입니다. 이밖에도 다양한 활동이 일어나는데, 간단하게 말해서 활동하는 데 썼던 에너지를 몸속 고장 난 곳으로 보내 고치는 데 쓰는 것입니다.

그래서 전날 영양분을 잘 흡수하고 잠도 푹 잤다면

개운한 아침을 맞이할 수 있는 것이죠. 오전 시간은 고치고 회복하는 데 썼던 잔여 에너지와 독소를 배출하는 시기입니다. 다시 말해 체내 불필요한 노폐물을 효과적으로 배출하는 데 집중하는 시간입니다. 이 내용은 『완전 배출』(조승우 저, 2023)에서도 언급하고 있습니다.

배출 주기를 방해하지 않기 위해 낮 12시 전까지는 과일과 채소 외의 음식 섭취를 삼가는 것이 좋습니다. 과일과 채소는 소화가 빠르고 수분과 식이섬유가 풍부하여 자연스럽게 배출을 돕습니다. 배출에 도움되는 식재료로는 수분 함량이 높은 오이, 셀러리, 사과, 배와 같은 것입니다. 역으로 고탄수화물 음식이나 육류, 가공식품을 섭취하면 위장이 과도한 소화 활동을 하게 되어 배출 기능이 약화될 수 있습니다. 배출 주기를 고려한 아침 식사는 다음과 같이 구성할 수 있습니다:

- **생과일** | 사과, 바나나, 오렌지, 포도 등
- **생채소** | 오이, 당근, 셀러리, 브로콜리 등
- **천연 주스** | 착즙한 오렌지 주스, 당근 주스 등
- **허브티 또는 따뜻한 물** | 체내 노폐물 배출을 촉진하는 역할

아침을 챙기기 어렵다면 전날 미리 과일을 준비하거나 간단한 채소 샐러드를 만들어 두는 것도 좋은 방법입니다. 이와 같은 습관을 통해 신체의 자연스러운 배출 과정을 방해하지 않고, 건강한 생활을 유지할 수 있습니다. 아침 식사는 단순히 공복을 채우는 것이 아니라, 신체 리듬을 조절하는 중요한 역할을 합니다. 낮 12시까지는 배출을 최우선으로 두고 가볍고 자연적인 식사를 통해 건강을 관리하시길 바랍니다.

주스를 마실 때 유의해야 하는 점

배출 주기에 과일·과일을 먹거나 주스를 먹는다면 꼭 기억해야 할 점이 있습니다. 바로 '꼭꼭 씹어 먹는 것'입니다. 언뜻 들으면 이해가 되지 않지요. 고체로 된 채소와 과일은 씹어먹는다 쳐도 액체로 된 주스를 어떻게 씹어 먹을 수 있을까요? 이 말은 벌컥벌컥 들이키지 말고 꼭꼭 씹어 먹는 것처럼 천천히 마시라는 뜻입니다. 맛을 음미한다고 생각하고, 마시고 있는 음식의 에너지를 몸이 잘 받아들일 수 있다고 상상하며 마셔보세요.

주스를 얼마나 마셔야 하는지 그 양을 묻는 분이 많습니다. 저는 그간 채소·과일은 많이 먹으라고 권장했습니다. 몸이 원하는 대로 얼마든지 먹으라고 말이지요. 왜 이런 말을 했냐면 주스를 마신다고 가정할 때 한 번에 500ml 이상 마시기 어렵기 때문입니다. 게다가 천천히 마시면 300ml도 채 마시기 전에 이미 배가 부른 부를 겁니다. 배가 부른데도 몸에 좋은 것이니 더 먹으려고 욕심을 부리지 않는 한 채소·과일의 섭취량은 무한하다는 걸 기억하세요.

주스를 마시고 난 후 가급적 최소 30분 정도는 다른 음식물, 특히 초가공식품은 섭취하지 마세요. 과일은 다른 음식물과 섞이면 부패 과정이 일어나게 되는데 이는 몸속에 독소를 만들어냅니다. 단기적으로 독소는 우리 몸에 큰 영향을 주지 않습니다. 하지만 장기적으로 볼 때 몸의 세포를 망가뜨리려 질병과 노화를 불러일으키지요. 그러니 채소·과일의 영양소가 몸에 완전히 흡수될 때까지 기다려주세요. 이 식단만큼은 그 어떤 강박이나 집착 없이 마음 편히 드시기를 바랍니다.

Part 1. Sauce&Dip

가지쌈장 ○ 견과류쌈장 ○ 그린가디스드레싱 ○ 깻잎그레몰라타 ○ 비건두부마요네즈 ○ 허브페스토

채소·과일식이 맛있어지는 소스

Sauce

살짝 콕 찍어 먹기만 해도 채소와 과일에 감칠맛을 더하는 맛있는 소스. 소스는 샌드위치에 바르고, 샐러드에 둘러서 건강한 식사를 즐기게 하는 데에도 한몫합니다. 하지만 칼로리와 지방 섭취량이 늘어날 수 있어서 섭취 시 주의를 해야 하죠. 여기에서는 걱정 없이 편안하게 채소를 먹을 수 있도록 도와주는 다채로운 건강 소스 레시피를 소개합니다.

tip. 소스는 조리하기 쉬운 분량으로 표기했습니다.

Eggplant Ssamjang

○

가지쌈장

쌈장은 채소 스틱을 먹기 쉽게 하는 마법의 소스이지만 염도가 높아요. 이때 가지, 양파 등의 채소를 부드러워질 때까지 볶아서 넣으면 염도는 낮추면서 쌈장 고유의 맛에 감칠맛을 더할 수 있어요. 가지는 충분히 오랫동안 볶은 다음 양념을 넣어서 버무려주세요. 애호박, 파프리카 등 다양한 여름 채소를 추가해도 좋습니다.

---

ingredient

가지 1개
양파 1/2개
대파 1/2대
다진 마늘 1/2큰술
참기름 1/2작은술
된장 3큰술
고추장 3큰술
올리브오일 1큰술

1 가지와 양파는 사방 0.5cm 크기로 깍둑썬다. 대파는 흰 부분만 곱게 다진다.

2 달군 궁중팬에 올리브오일을 두른 뒤 곱게 다진 대파, 다진 마늘을 넣고 약불에서 5분간 볶는다.

3 깍둑썬 가지와 양파를 넣고 중불에서 잘 익을 때까지 볶는다.

4 불을 끄고 참기름, 된장, 고추장을 넣은 뒤 잘 섞는다.

memo

○

참고 사항

○ 단맛이 부족하다면 불을 끄고 난 뒤 참기름, 된장, 고추장을 넣을 때 맛술 2큰술을 추가해 넣고 잘 섞어줍니다.

영양 지식

'보라색 채소' 하면 제일 먼저 떠오르는 가지는 90%가 수분으로 이루어져 칼륨과 함께 이뇨작용을 돕는 고마운 식재료입니다. 또한 보라색을 내는 안토시아닌의 일종인 히아신과 나스닌은 강력한 항산화제 역할을 하며, 중성지방은 낮추고 좋은 콜레스테롤은 높여줍니다. 좋은 영양소가 들어간 껍질을 벗기지 않고 요리하도록 신경 써주세요.

Mixed Nut Ssamjang

○

견과류쌈장

쌈장에 고소한 땅콩을 다져 넣으면 오독오독한 식감을 느낄 수 있어요. 취향에 따라 좋아하는 견과류를 다양하게 넣어보세요. 견과류는 기름 없이 달군 팬에 넣고 볶거나 오븐에 살짝 구우면 고소한 맛이 진해집니다. 볶은 견과류를 믹서에 넣고 갈 때는 적당히 굵게 갈거나 절구에 넣고 거칠게 빻아야 식감을 살릴 수 있습니다.

---

ingredient

아몬드 1/3컵
호두 1/3컵
땅콩 1/3컵
볶은 콩가루 1큰술
참기름 1/2작은술
된장 3큰술
고추장 4큰술

1. 달군 팬에 아몬드, 호두, 땅콩을 넣고 고소한 향이 날 때까지 뒤적이며 볶는다.
2. 푸드프로세서에 볶은 아몬드, 호두, 땅콩을 넣고 굵게 간다.
3. 볼에 볶은 콩가루, 참기름, 된장, 고추장을 넣고 잘 섞은 뒤 굵게 간 아몬드, 호두, 땅콩을 넣고 한 번 더 섞는다.

참고 사항

- 푸드프로세서 대신 믹서를 사용해도 됩니다.
- 팬 대신 오븐을 사용해도 됩니다. 200도로 예열한 오븐에 견과류를 넣고 타지 않는지 지켜보면서 고소한 향이 올라올 때까지 5~10분간 구워주세요.
- 견과류쌈장은 2주일간 냉장 보관할 수 있습니다.
- 단맛이 부족하다면 볼에 볶은 콩가루, 참기름, 된장, 고추장을 넣을 때 맛술 2큰술을 추가해 넣고 잘 섞어줍니다.

영양 지식

견과류는 타임지가 선정한 10대 건강 식품 중 하나일 정도로 단백질, 지방, 비타민뿐만 아니라 다양한 무기질과 각종 영양소가 듬뿍 들어 있습니다. 또한 뇌 건강을 도우며 좋은 지방이 포만감을 가지게 하여 나이가 들수록 더욱 잘 챙겨 먹어야 하는 대표 식재료입니다. 하지만 열량이 높으므로 하루 1줌(25~30g) 정도 정량을 지켜 먹는 게 가장 좋습니다.

memo

○

Green Goddess Dressing

○

그린가디스드레싱

그린가디스드레싱은 말 그대로 '녹색 여신'이라는 뜻입니다. 앤초비와 마늘을 넣고 허브를 가미해 건강한 초록색으로 만드는 것이 포인트이지요. 여기에서는 비건두부마요네즈를 활용해 더욱 건강한 맛으로 완성했습니다. 허브 대신 고수, 깻잎 등 원하는 향신채를 사용해도 됩니다.

ingredient

파슬리 잎 1/2컵
바질 잎 1/4컵
비건두부마요네즈(51쪽) 1/2컵
앤초비 1개
다진 마늘 1/2작은술
다진 영양부추 1큰술
레몬즙 1큰술
소금 약간
후추 약간

1 파슬리 잎, 바질 잎은 굵게 다진다.

2 푸드프로세서에 굵게 다진 파슬리 잎, 바질 잎, 비건두부마요네즈, 앤초비, 다진 마늘을 넣고 초록색이 될 때까지 곱게 간다.

3 볼에 곱게 간 소스, 다진 영양부추, 레몬즙을 넣고 소금, 후추로 간한 뒤 잘 섞는다. 입맛에 따라 레몬즙, 소금, 후추를 추가한다.

참고 사항

○ 푸드프로세서 대신 믹서를 사용해도 됩니다.

○ 허브를 굵게 다진 뒤 푸드프로세서나 믹서에 갈면 분쇄하는 과정이 짧아져 향과 풍미가 손실되거나 색이 변질되는 것을 막을 수 있습니다.

memo

○

영양 지식

다양한 채소를 챙겨 먹는 것은 건강을 위한 기본 상식이에요. 그 중에서도 잎에 풍부하게 함유된 엽록소는 꼭 가까이 두세요. 엽록소는 식물이 태양광을 흡수해 광합성하여 에너지를 만드는 과정에서 필요한 초록색 색소예요. 이 엽록소에 있는 강력한 항산화 성분은 세포 보호, 노화 방지, 면역력을 강화시켜 줍니다. 초록이 주는 자연의 맛과 색을 듬뿍 담은 생명력 넘치는 선물이지요.

Perilla Leaf Gremolata

○

깻잎그레몰라타

그레몰라타는 다진 파슬리에 레몬 제스트, 마늘 등을 넣어 만든 이탈리아의 소스입니다. 짙은 허브 향과 상큼한 맛 덕분에 고기 요리나 수프 등 다양한 메뉴에 특색 있는 맛을 더하지요. 그레몰라타를 파슬리 대신 깻잎으로 만들면 더욱 매력적인 향이 납니다. 여기에서는 올리브오일, 레몬즙을 섞어서 촉촉한 질감으로 만들었습니다.

ingredient

깻잎 15장
마늘 1쪽
레몬 1/2개
올리브오일 1작은술
레몬즙 1작은술
소금 약간
후추 약간

1 꼭지를 자른 깻잎을 한 장 한 장 겹쳐서 돌돌 만 뒤 송송 썰고, 다시 가로로 썰어 곱게 다진다. 마늘은 곱게 다진다. 레몬은 껍질을 갈아 제스트를 만든다.

2 볼에 다진 깻잎과 다진 마늘, 레몬 제스트, 올리브오일, 레몬즙을 넣고 잘 섞은 뒤 소금, 후추로 간하고 한 번 더 섞는다.

memo

○

참고 사항

○ 마이크로플레인을 사용하면 쉽게 제스트를 만들 수 있습니다.

○ 절구에 모든 재료를 넣고 깻잎을 가볍게 빻으며 섞으면, 깻잎 향이 강한 깻잎그레몰라타를 만들 수 있습니다.

영양 지식

한국의 대표 허브인 깻잎은 시금치보다 2배 이상의 철분을 함유하고 있어 빈혈 예방에 매우 효과적입니다. 또한 채소로는 드물게 우유보다 칼슘이 높아 칼슘 섭취가 부족한 분들에게 고마운 채소입니다. 깻잎그레몰라타를 다양한 요리에 곁들여보세요.

Vegan Tofu Mayo

○

비건두부마요네즈

마요네즈는 달걀 노른자, 식초, 머스터드, 올리브오일 등을 넣어 만든 대중적인 소스예요. 하지만 최근 첨가물 관련 문제로 건강한 마요네즈를 찾거나 집에서 직접 만들어 먹는 분이 늘었다고 하네요. 단백질이 풍부한 두부로 비건마요네즈 만드는 방법을 알려드릴게요. 채소 스틱에 곁들여 먹거나 샌드위치, 샐러드, 소스 등 다양한 요리에 활용해보세요.

---

ingredient

연두부 340g
레몬즙 2큰술
올리고당 1/2작은술
디종머스터드 1작은술
소금 1/4작은술

1 푸드프로세서에 모든 재료를 넣고 곱게 간다. 입맛에 따라 레몬즙, 소금, 올리고당을 추가한다.

참고 사항

- 푸드프로세서 대신 믹서를 사용해도 됩니다.
- 레몬즙 대신 사과식초를 사용해도 됩니다.
- 당을 낮추고 싶다면 '노슈가 디종머스터드'를 선택하세요. 단, 디종머스터드를 만들 때 사용되는 주정식초에는 설탕이 들어갈 수 있으니 성분표를 꼭 확인하세요.

영양 지식

연두부는 수분을 제거하지 않은 두부로 열량이 낮으며, 매우 부드럽고 소화하기 쉬워 조리하지 않고 그대로 먹어도 되는 식재료입니다. 일반 두부에 비해 식물성 에스트로겐으로 알려진 이소플라본이 풍부해 골다공증과 심혈관질환 예방에도 효과적이니 곁에 두고 자주 활용해보세요.

memo

○

Herb Pesto

○

허브페스토

다양한 감칠맛과 질감이 어우러진 허브페스토는 샌드위치부터 샐러드, 해산물, 닭고기 요리까지 두루두루 쓰이는 훌륭한 소스입니다. 페스토의 주된 재료인 바질 대신 고수나 케일 등 다른 향신채를 사용하면 나만의 페스토를 만들 수 있어요. 마찬가지로 잣 대신 다른 견과류를 넣어도 됩니다. 여러 재료를 넣고 빼보면서 취향에 맞는 맛을 찾아보세요.

ingredient

마늘 3쪽
잣 3큰술
바질 3컵
파르메산 치즈(가루) 1/2컵
올리브오일 1/3컵, 1큰술
소금 약간
후추 약간

1 마늘은 칼등으로 가볍게 으깬 뒤 적당히 다진다.

2 마른 팬에 잣을 넣고 노릇하게 볶은 뒤 한 김 식힌다.

3 푸드프로세서에 다진 마늘, 볶은 잣, 바질, 파르메산 치즈, 올리브오일 1/3컵을 넣고 굵게 간다.

4 소금, 후추로 간하고 한 번 더 굵게 간 뒤 한 김 식힌다. 입맛에 따라 소금, 후추를 추가한다.

5 밀폐용기에 허브페스토를 담고 윗면에 올리브오일 1큰술을 넣어 공기가 통하지 않게 막은 뒤 냉장고에 보관한다.

참고사항

- 푸드프로세서 대신 믹서를 사용해도 됩니다.
- 바질은 뜨거운 물에 10초 정도 살짝 데쳤다가 얼음물에 담가서 식힌 후 물기를 제거하고 사용하면 색이 더 화사하게 살아납니다.
- 허브페스토 위에 올리브오일을 덮어 공기와 접촉을 막으면 색이 변색되지 않습니다. 따라서 필요하다면 1큰술 이상 부어서 허브페스토가 완전히 덮이도록 해주세요.

영양 지식

진귀한 재료로 칭송받는 소나무의 씨앗인 잣은 견과류 중에서도 영양학적으로 우수한 식품입니다. 피로 회복에 도움이되는 마그네슘, 에너지를 증진시키는 단백질이 매우 풍부하며, 식욕 증진을 억제시키는 피놀레닉산을 함유하고 있어 다이어트에도 도움을 줍니다. 좋은 콜레스테롤 HDL 수치 또한 높여주니 잣의 제철인 가을, 겨울에는 내 몸을 위해 한 번쯤 드셔보시길 바랍니다.

memo

○

Part 1. Sauce&Dip

과카몰리 ○ 당근딥 ○ 비트딥 ○ 병아리콩후무스 ○ 완두콩후무스 ○ 올리브타프나드

채소·과일식의 맛을 풍성하게 만드는 딥

딥을 즐기는 가장 간단한 방법은 채소 스틱을 찍어 먹는 것입니다. 각각 다른 접시에 딥을 담아서 메인 요리에 곁들이는 것도 좋고, 큰 접시에 딥을 멋지게 펴바르고 채소 스틱을 모양내 담은 뒤 허브나 예쁜 향신료를 뿌려보세요. 때로는 통밀 파스타 등을 삶아서 딥에 버무려 먹어도 맛있어요. 샌드위치 빵에 두툼하게 딥을 바르면 풍미와 수분감을 동시에 느낄 수 있고, 토르티야에 발라 피자 베이스처럼 사용해도 좋습니다.

tip. 딥은 조리하기 쉬운 분량으로 표기했으니 참고해주세요.

Guacamole

○

과카몰리

과카몰리를 만들 때 가장 어려운 부분은 아보카도를 적당히 숙성시키는 일입니다. 아보카도를 사과와 함께 종이 봉지에 넣어 숙성시키면 에틸렌 가스의 영향으로 더 빠르게 숙성시킬 수 있어요. 아보카도를 너무 곱게 갈면 특유의 매력적인 질감을 잃을 수 있어요. 신선한 다진 채소를 넣은 뒤 포크로 굵게 으깨어 크고 작은 덩어리를 살려보세요. 한입 한입마다 아보카도 특유의 식감을 느낄 수 있을 거예요.

---

ingredient

아보카도 2개
양파 1/4개
방울토마토 4개
풋고추 1/2개
마늘 1쪽
굵게 다진 고수 잎 3큰술
라임 1/2개
소금 약간
후추 약간

1 아보카도는 반으로 잘라 과육만 빼낸다. 양파는 곱게 다진 뒤 찬물에 10분간 담갔다가 건져내 물기를 뺀다. 방울토마토와 풋고추는 씨를 제거하고 깍둑썬다. 마늘은 곱게 다진다.

2 볼에 아보카도 과육, 곱게 다진 양파와 마늘, 깍둑썬 방울토마토와 풋고추를 넣고 라임즙을 뿌린 뒤 포크로 아보카도를 으깨며 잘 섞는다.

3 굵게 다진 고수 잎을 넣고 소금, 후추로 간한 뒤 잘 섞는다.

memo

○

영양 지식

숲속의 버터라 불리우는 아보카도. 많은 지방 속 풍부한 단일불포화지방산이 혈중 나쁜 콜레스테롤 수치는 낮추고, 좋은 콜레스테롤 수치를 높이는 효과가 있어 혈관 건강과 심혈관질환 예방에 도움을 줍니다. 더불어 칼륨과 엽산이 풍부해 1개만 섭취해도 하루 권장량의 약 30% 이상을 충족할 수 있어요. 단조로운 샐러드에 적극 활용하면 맛과 영양을 더욱 풍부하게 업그레이드할 수 있습니다.

Carrot Dip

당근딥

구운 당근만 있으면 5분 만에 만들 수 있는 간단한 레시피입니다. 한 번 만들 때 당근을 넉넉히 구워서 냉동해 두었다가 먹어도 좋습니다. 당근 맛을 은은하게 느끼고 싶다면 병아리콩 비중을 늘리면 됩니다. 당근을 찌거나 삶으면 당근 내 수분이 늘어나게 되니 오븐이나 에어프라이어로 굽는 것을 권장합니다.

---

ingredient

통조림 병아리콩 150g
당근 500g
아몬드 플레이크 2큰술
마늘 1개
올리브오일 2큰술
레몬즙 2큰술
소금 약간
후추 약간

1. 통조림 병아리콩은 흐르는 물에 씻은 뒤 물기를 뺀다. 당근은 적당히 큼직하게 썬다.
2. 베이킹 시트에 아몬드 플레이크를 겹치지 않게 담은 뒤 180°C로 예열한 오븐에 넣는다. 고소한 향이 날 때까지 5~10분간 굽고 쟁반에 펼쳐 놓은 뒤 한 김 식힌다.
3. 볼에 큼직하게 썬 당근, 올리브오일 2큰술을 넣고 소금, 후추로 간한 뒤 골고루 버무린다.
4. 베이킹 시트에 버무린 당근을 담은 뒤 180°C로 예열한 오븐에 넣는다. 칼로 찌르면 푹 들어갈 때까지 40분간 굽는다.
5. 푸드프로세서에 구운 당근, 구운 아몬드 플레이크, 통조림 병아리콩, 마늘, 올리브오일 2큰술을 넣고 곱게 간다. 입맛에 따라 레몬즙, 소금, 후추를 추가한다.

memo

참고 사항

- 푸드프로세서 대신 믹서를 사용해도 됩니다.
- 구운 당근은 물에 넣고 익힌 것보다 당이 높습니다. 혈당 관리를 하는 분이라면 조리법을 바꾸거나 양을 제한하여 섭취하세요.

영양 지식

당근은 시력 향상에 도움을 주는 베타카로틴이 풍부한 식재료로 잘 알려져 있습니다. 베타카로틴은 대표적인 지용성 비타민으로 기름과 함께 먹을 때 흡수가 높아져요. 레시피와 같이 올리브오일을 곁들여 굽거나, 생으로 먹거나 스무디로 갈아 먹을 때도 올리브오일을 뿌려 섭취하면 더욱 효과적이에요.

Beet Dip

비트딥

눈길을 사로잡는 짙은 자줏빛 딥입니다. 비트는 물이 잘 들기 때문에 손질 시 주의가 필요합니다. 바닥에 비닐이나 종이타월을 깔아 두면 주변이 물드는 것을 막을 수 있어요. 딥을 만들 때 되직한 질감을 원한다면 비트의 수분이 날아가도록 오븐이나 에어프라이어에 구워 곱게 갈아보세요.

---

ingredient

비트 400g
캐슈너트 1줌
비건두부마요네즈(51쪽) 2큰술
마늘 1쪽
올리브오일 2큰술
레몬즙 2큰술
소금 약간
후추 약간

토핑
다진 견과류 약간

1. 비트는 껍질을 벗기고 적당한 크기로 썬다.
2. 달군 팬에 캐슈너트를 넣고 고소한 향이 올라올 때까지 노릇노릇하게 볶은 뒤 쟁반에 펼쳐 놓고 한 김 식힌다.
3. 냄비에 물을 넣고 한소끔 끓인다. 물이 끓으면 적당한 크기로 썬 비트를 넣고 칼로 찌르면 푹 들어갈 때까지 20분간 삶는다.
4. 푸드프로세서에 삶은 비트, 볶은 캐슈너트, 비건두부마요네즈, 마늘, 올리브오일을 넣고 곱게 간다.
5. 볼에 비트딥을 넣고 레몬즙, 소금, 후추로 간한 뒤 잘 섞는다.
6. 그릇에 비트딥을 담고 토핑을 올린다.

memo

참고 사항

- 푸드프로세서 대신 믹서를 사용해도 됩니다.

영양 지식

생으로 먹으면 아삭하고 구워 먹으면 은은한 달콤함을 맛볼 수 있는 비트는 베타인 성분 때문에 빨간색을 띠어 '빨간 무'라고도 불리는 채소입니다. 베타인은 항산화 작용과 세포 손상을 억제하여 항암과 염증 완화에 탁월합니다. 비트에는 철분과 비타민도 다량 들어 있어 여성 건강에 매우 좋은 식재료지요. 비타민C가 풍부한 시트러스와 맛이 잘 어울리는 편이니 참고해서 함께 드셔보세요.

Chickpea Hummus

병아리콩후무스

후무스는 주로 삶은 병아리콩을 이용해 만드는 중동의 딥입니다. 비교적 빨리 익고 부드러운 질감의 병아리콩에 '타히니'라는 참깨 페이스트, 마늘 등을 푸드프로세서에 넣고 갈면 완성되는데요. 타히니 대신 참깨를 넣어도 고소한 맛을 낼 수 있습니다. 채소 스틱 등에 곁들여 먹거나 간단한 간식으로 활용하기에 아주 좋은 메뉴입니다.

ingredient

레몬 1개
삶은 병아리콩 250g
참깨 2큰술
마늘 1쪽
올리브오일 2큰술
소금 약간

토핑

병아리콩팝콘(241쪽) 약간
파프리카가루 약간

1 레몬은 껍질을 갈아 제스트를 만든다. 남은 레몬으로 레몬즙을 짠다.

2 푸드프로세서에 삶은 병아리콩, 레몬즙, 참깨, 마늘, 올리브오일을 넣고 곱게 간다. 이때 후무스 농도가 되직하면 물을 1큰술씩 넣어 조절한다.

3 볼에 병아리콩후무스를 넣고 소금으로 간한 뒤 잘 섞는다. 입맛에 따라 소금, 레몬즙, 참깨, 다진 마늘을 추가한다.

4 그릇에 병아리콩후무스를 담고 토핑을 올린다.

참고사항

- 푸드프로세서 대신 믹서를 사용해도 됩니다.
- 삶은 병아리콩 대신 통조림 병아리콩을 사용해도 되며, 물 대신 병아리콩 통조림 국물을 넣어도 됩니다.
- 파프리카가루 대신 시치미나 레드 페퍼 플레이크를 써도 됩니다.

영양 지식

병아리 부리처럼 생겨 이름 붙여진 병아리콩은 콜레스테롤은 낮고 단백질과 각종 비타민, 미네랄, 식이섬유는 높아 채식 위주의 식단을 하는 사람들에게 좋은 단백질이 됩니다. 편식이 있더라도 밤처럼 고소한 맛 덕분에 거부감 없이 여러 음식에 활용하기 좋아요. 빵에 스프레드처럼 발라 먹어도 인슐린 저항성을 개선하는 데 도움을 주니 꼭 만들어보길 바랍니다.

memo

Green Pea Hummus

○

완두콩후무스

후무스는 병아리콩 외에 다양한 콩으로도 만들 수 있는데요, 완두콩을 이용하면 화사한 봄처럼 싱그러운 초록 빛이 나는 후무스가 완성됩니다. 완두콩 맛과 어울리는 허브는 단연 민트지만, 민트에 익숙하지 않다면 바질을 넣어도 좋습니다. 시장에 완두콩이 풍성하게 나올 때 한가득 만들어보세요. 완두콩의 비율을 줄이고 병아리콩이나 일반 대두 등을 섞어도 좋습니다.

---

ingredient

마늘 1쪽
냉동 완두콩 500g
민트 2큰술
파르메산 치즈(가루) 2큰술
올리브오일 1/4컵
레몬즙 2큰술
소금 약간
후추 약간

토핑
데친 완두콩 약간
민트 잎 약간

1. 마늘은 칼등으로 가볍게 으깬다.
2. 냄비에 물을 넣고 한소끔 끓인다. 물이 끓으면 냉동 완두콩을 넣고 살짝 데친 뒤 얼음물에 담가 식히고 물기를 뺀다.
3. 푸드프로세서에 데친 완두콩, 민트, 으깬 마늘, 파르메산 치즈, 올리브오일을 넣고 굵게 간다.
4. 볼에 완두콩후무스를 넣고 레몬즙, 소금, 후추로 간한 뒤 잘 섞는다. 입맛에 따라 레몬즙, 소금, 후추를 추가한다.
5. 그릇에 완두콩후무스를 담고 토핑을 올린다.

참고 사항

○ 푸드프로세서 대신 믹서를 사용해도 됩니다.

영양 지식

완두콩은 필수 아미노산인 라이신을 많이 포함하고 있으며 비타민, 식이섬유도 풍부해 자주 섭취하면 좋습니다. 콩류 중에서도 단백질 함량이 특히 높고, 비타민B군이 풍부해 피로 회복에 도움이 되는데요, 그중 비타민B1은 체내 에너지 대사를 원활하게 만들어줍니다. 제철 맞은 완두콩을 한가득 사서 수용성 비타민이 소실되지 않게 뜨거운 물에 살짝 데친 뒤 바로 밀폐용기에 넣어 냉동 보관하면 두고두고 오래 먹을 수 있습니다.

memo

○

Olive Tapenade

○

올리브타프나드

타프나드는 프랑스의 스프레드로 곱게 다진 올리브, 케이퍼, 앤초비 등을 넣어 만듭니다. 짭짤하면서도 감칠맛이 강하게 느껴지는 것이 매력이죠. 샌드위치에 조금만 발라 먹어도 깊고 진한 풍미를 즐길 수 있어요. 그린 올리브만 사용해도 좋고, 다양한 올리브를 섞어 색다른 맛을 내보는 것도 추천합니다.

---

ingredient

검은 올리브 1컵
케이퍼 1큰술
앤초비 1개
마늘 2쪽
굵게 다진 파슬리 잎 1큰술
올리브오일 4큰술
레몬즙 1큰술
소금 약간
후추 약간

1 검은 올리브, 케이퍼는 키친타월 위에 올려 물기를 뺀다. 마늘은 굵게 다진다.

2 푸드프로세서에 검은 올리브, 케이퍼, 앤초비, 굵게 다진 마늘과 파슬리 잎, 올리브오일을 넣고 굵게 간다.

3 볼에 올리브타프나드를 넣고 레몬즙, 소금, 후추로 간한 뒤 잘 섞는다.

참고사항

- 푸드프로세서 대신 믹서를 사용해도 됩니다.
- 블랙 올리브 대신 그린 올리브를 사용하거나 블랙 올리브, 그린 올리브를 섞어서 써도 됩니다.
- 올리브 슬라이스를 토핑으로 올려도 좋습니다.

영양지식

지중해 식이요법의 필수 요소로 알려진 올리브는 풍부한 영양과 맛으로 큰 사랑을 받는 재료입니다. 예로부터 식용과 약용으로 사용될 만큼 단일불포화지방산, 폴리페놀, 비타민E 등이 풍부하여 혈액 순환 개선과 항산화, 염증 완화에 효과가 있어요.

memo

○

Part 2

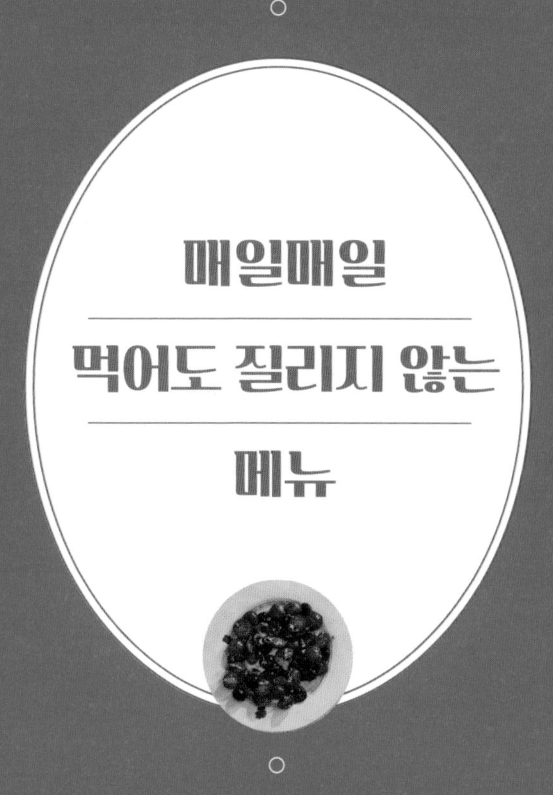

매일매일 먹어도 질리지 않는 메뉴

Vegetables & Fruits Recipe

식탁에 숨어 있는 독소, 초가공식품

인간과 침팬지는 약 99%의 유전자를 공유합니다. 이는 인간의 생리적 특성이 침팬지와 매우 유사하며, 식습관 또한 본래 유사한 경향을 가졌음을 시사합니다. 인간의 치아와 장 구조를 살펴보면 초식에 적합한 특성을 보입니다. 육식 동물은 짧고 강한 송곳니와 짧은 장을 가지고 있어 단백질을 빠르게 소화할 수 있지만, 인간의 치아는 씹는 데 적합한 어금니가 발달되어 있으며, 장의 길이도 육식 동물에 비해 상대적으로 길어 식이섬유가 풍부한 식단을 소화하는 데 유리합니다. 따라서 인간의 소화기관은 육식보다 채소와 과일을 섭취하는 데 적합한 구조를 가지고 있다고 볼 수 있습니다.

침팬지는 주로 과일, 잎채소, 견과류 등을 섭취하는 초식 중심의 식단을 유지하며, 소량의 곤충을 보충식으로 섭취합니다. 사람도 채소·과일을 주로 먹었다면 현대인의 만성질환과는 거리가 멀었을 겁니다. 하지만 현대인의 식습관은 고기와 가공식품 중심으로 변화하면서 여러 건강 문제를 발생시키고 있습니다.

간편하고 맛있어서 현대인의 식탁에서 빠지지 않는 초가공식품(Ultra-Processed Foods, UPFs). 초가공식품은 원재료를 여러 단계의 공정을 거쳐 본래 식품의 성질을 변질시키고, 인공 첨가물을 다량으로 포함한 식품을 가리킵니다. 다시 말해 재료의 맛과 질감을 인위적으로 변화시키거나 유통기한을 늘리기 위해 여러 가지 화학적 과정을 거친 제품이라고 할 수 있어요. 이 과정에서는 재료의 영양소가 소실될 수 있습니다. NOVA 분류 시스템에 따르면 초가공식품은 다음과 같이 정리할 수 있습니다.

	설명	예시
자연 식품	가공되지 않은 원재료	채소, 과일, 견과류, 통곡물 등
최소가공 식품	기본적인 물리적 변형을 거친 식품	냉동 채소, 세척된 곡물 등
가공 식품	일부 가공되었지만 원재료 성질이 남아있는 식품	치즈, 통조림 콩, 빵 등
초가공 식품	본래 식품의 형태와 영양이 크게 변하고 첨가물이 포함된 식품	탄산음료, 가공육, 과자류 등

초가공식품이 왜 우리 몸에 해로운지 이해하기 전에 먼저 독소에 관해서 이야기하려 합니다. 체내에 독소가 쌓이면 염증이 발생하게 됩니다. 이 염증은 심혈관 질환, 당뇨, 신경계 질환과 밀접한 관련이 있지요. 염증이 장기간 몸에 머무른다면 면역 체계를 약하게 만들어 각종 질환의 원인이 되기도 합니다.

가속 노화

트랜스지방, 정제당, 인공 감미료는 활성산소를 증가시켜 세포를 손상시키고, 콜라겐 분해를 촉진하여 피부 탄력을 떨어지게 만들고 주름을 만드는 등의 외적인 노화 속도를 가속화할 수 있습니다. 한마디로 가속 노화를 이끄는 원인이 되는 것이지요.

체중 증가

초가공식품에는 포화지방, 정제당, 정제 탄수화물 등을 다량 포함하고 있습니다. 이런 첨가물은 체내에 빠르게 흡수되어 혈당을 급격히 올리고 떨어뜨리는 '혈당 스파이크'를 유발합니다. 뇌는 혈당이 떨어졌을 때 에너지가 부족하다고 판단해 끊임없이 음식을 섭취하라고 신호를 보냅니다. 그러면 자연적으로 과식을 하게 되고 비만을 비롯한 다양한 질병을 유발하는 것이죠. 미국 국립보건원(NIH) 연구에서는 초가공식품이 하루 500칼로리 이상 추가 섭취를 유도한다는 점을 밝혔습니다.

비만은 체내 염증 수치를 높이고 이는 동맥경화, 심근경색과 같은 심혈관 질환으로 이어집니다. 프랑스 소르본 대학 연구진이 2019년 105,000명을 대상으로 5년간 진행한 연구에서는 초가공식품을 자주 섭취하는 그룹의 조기 사망 위험이 14% 증가했다고 발표했습니다.

체중 증가는 혈당 스파이크 외에 다른 이유도 있습니다. 가공식품은 영양소가 없는 '죽은 음식'입니다. 몸이 움직일 에너지원이 없으니 자주 간식이나 식사를 하게 되는 것이지요.

또 다른 이유는 가공식품에 들어 있는 화학첨가제가 우리의 중추 기능을 고장나게 했기 때문입니다. 합성보존료, 사카린나트륨, 빙초산, 표백제, L-글루탄산나트륨, 인공향료, 타르색소, 방부제 등이 우리 몸에 들어가면 어떤 일이 일어날까요? 이러한 화학첨가물들이 몸에 들어오면 신체의 여러 대사 기능에 영향을 미칩니다. 특히 합성보존료와 방부제는 장내 미생물 균형을 무너뜨려 소화기 건강을 악화시킵니다. 설탕 대체로 먹던 인공감미료는 과연 안전할까요. 2014년 Nature에 발표된 연구에 따르면, 인공감미료가 장내 미생물 군집을 변화시켜 혈당 조절 능력을 저하시킨다는 사실이 밝혀졌습니다. 음식을 맛있게 보이기 위해 사용하는 타르색소나 인공향료도 신경계를 자극하긴 마찬가지입니다.

이러한 물질들은 체내에서 분해되지 않거나, 간과 신장에 부담을 주어 해독 기능을 저하시킬 가능성이 큽니다. 결국, 가공식품에 포함된 다양한 화학첨가물들은 단순히 맛과 보존성을 높이는 역할을 넘어, 체중 증가, 대사 장애, 신경계 문제까지 유발할 수 있는 위험 요소가 됩니다.

면역력 저하

초가공식품의 방부제, 감미료 같은 첨가물은 장내 유익균을 줄이고 소화 기능을 방해합니다. 장내 유익균이 줄어들면 소화 불량, 면역 체계 이상, 피부 트러블, 염증 반응이 나타납니다. 무엇보다 에너지로 쓰는 음식의 영양소를 흡수하지 못하니 우리의 몸은 자연스럽게 면역력이 떨어지게 됩니다. 면역력이 낮아진다는 건 외부나 내부에서 벌어지는 바이러스 공격에 버티지를 못한다는 것이지요.

유익균을 없애는 것도 모자라 장내 해로운 균을 증식시키는 것도 문제가 됩니다. 영국 케임브리지대 연구진은 초가공식품이 장 점막을 손상시키고 이로 인해 염증 반응을 일으킬 가능성이 높다고 말했습니다.

치매 유발

장은 '제2의 뇌'라는 말이 있습니다. 그 이유는 '장내 유익균' 때문입니다. 이 장내 유익균의 수가 초가공식품의 첨가물로 인해 급격히 하락하면 신경전달물질의 균형이 깨져 기억력 저하와 인지 기능 감퇴 즉 치매를 유발할 수 있습니다. 독일 막스플랑크 뇌연구소의 연구에 따르면 장내 미생물의 균형이 깨지면 알츠하이머와 같은 신경퇴행성 질환의 발병 위험이 40% 이상 증가하는 것으로 나타났습니다.

혈당 스파이크도 치매와 관련이 있습니다. 급격한 혈당 변화는 뇌세포가 안정적으로 에너지를 공급받지 못하게 만들며 장기적으로 인슐린 저항성을 유발할 수 있습니다. 하버드대 공중보건대학원의 연구에서는 체내 염증이 장기화되면 신경세포 간의 연결을 약화시키고, 알츠하이머의 주요 원인 중 하나인 '베타아밀로이드 단백질'을 축적하게 만든다는 점을 밝혔습니다.

수많은 초가공식품과 첨가물을 식탁에서 밀어내고 자연의 식재료를 가지고 온다면 어떤 일이 벌어질까요. 저를 찾아오는 분 중에 만성 소화불량으로 고생을 하는 분이 있었습니다. 음식을 먹으면 늘 얹힌 것 같고, 속이 답답하니 일상생활에 지장을 받을 정도로 집중력도 떨어졌다고 얘기를 했습니다. 주위의 권유로 위내시경 검사를 해도 소화불량을 일으킬만한 병을 찾지 못했다고 합니다. 왜 그런 걸까요? 바로 단백질을 위한 과도한 육류 섭취가 원인이었습니다. 요산이 많아 생기는 통풍만 보더라도 육류는 소화하기가 어렵습니다. 여기에 소화를 잘 시키기 위한 효소까지 챙겨 먹습니다. 육류 소비를 줄이고 진짜 효소로 가득한 살아 있는 음식을 챙겨 먹으면 됩니다. 모두가 알고 있듯이 효소가 가득 든 음식은 채소와 과일이지요. 소화가 잘된다는 건 에너지로 쓸 영양분이 많다는 것과 상통합니다.

초가공식품은 단기적으로 편리해보이지만, 장기적으로 볼 때 건강과 노화 속도에 부정적인 영향을 줍니다. '백세 시대'라고 불리는 지금 노후를 대비해 자금을 모으는 것처럼 젊을 때부터 먹거리에 관해 의식을 가져야 합니다. 가공식품은 줄이고 자연식을 선택하면 어떨까요. 오늘부터 '건강한 한 끼 먹기'를 목표로 한다면 과거의 나보다 훨씬 젊고 건강해진 미래의 나를 발견할 수 있을 겁니다.

Part 2. Everyday Meal

감자케일수프 ○ 배추두유수프 ○ 커리콜리플라워수프 ○ 콩수프 ○ 토마토흰콩수프
○ 페스토수프 ○ 연근들깨탕 ○ 옥수수탕 ○ 청경채두부탕

속을 따뜻하게 만드는 수프

속을 달래주는 따뜻한 수프는 간단하게 만들어 먹기 좋은 음식입니다. 빠르게 수프를 만들고 싶다면 기본 재료를 미리 준비해두는 것이 좋습니다. 기본 재료인 '채수', '냉동 채소', '통조림 콩'을 어떻게 준비하면 좋은지 소개하겠습니다.

tip. 수프는 2인분 분량으로 표기했습니다.

· 채수 준비 ·

채수는 특별한 레시피가 필요하지 않습니다. 냉장고에 남아 있는 자투리 채소를 모아 끓이면 됩니다. 보통 양파, 대파, 당근 셀러리, 무 등 다양한 채소를 사용하지만 양파 껍질, 버섯 기둥, 대파 뿌리 등을 보관했다가 채수로 만들어도 좋습니다. 종이컵 2~3컵 분량의 자투리 채소가 모이면 냄비에 물 1L를 함께 넣고 끓이면 됩니다. 만들어진 채수는 냉장 보관하거나 소분하여 냉동 보관합니다.

· 냉동 채소&통조림 콩 ·

냉동 채소는 제철에 수확한 신선한 채소를 급속 냉동한 것입니다. 따라서 영양소가 가득 들어 있지요. 통조림 콩은 불리고 삶는 시간을 절약해주기 때문에 바쁠 때 사용하면 매우 유용하니 팬트리에 넣고 급할 때 꺼내어 써보세요.

Potato Kale Soup

감자케일수프

이탈리아 토스카나 지방에는 감자, 소시지, 케일을 넣어 만드는 전통 수프가 있습니다. 케일은 질기고 향이 강해 수프와 어울리지 않다고 생각할 수 있지만, 시금치나 아욱을 국에 넣고 끓이는 것처럼 케일도 수프에 넣고 익히면 부드럽고 고소한 맛을 느낄 수 있습니다. 감자케일수프는 포근한 감자와 담백한 국물에 스며든 케일의 향을 즐길 수 있는 메뉴예요. 따뜻하고 포근한 수프가 생각나면 이 한 그릇 식사를 추천합니다.

---

ingredient

케일(대) 3장
감자 1개
양파 1/2개
당근 1/2개
셀러리 1대
마늘 2쪽
채수(73쪽) 600ml
이탈리아 시즈닝 1큰술
두유 1/2컵
올리브오일 약간
레드 페퍼 플레이크 약간
소금 약간
후추 약간

1. 케일은 질긴 줄기를 잘라내고 잎만 한입 크기로 썬다. 감자, 양파, 당근, 셀러리는 껍질을 벗기고 한입 크기로 썬다. 마늘은 곱게 다진다.
2. 달군 냄비에 올리브오일을 두른 뒤 한입 크기로 썬 양파, 곱게 다진 마늘을 넣고 3분간 볶는다.
3. 한입 크기로 썬 감자, 양파, 당근, 셀러리를 넣고 3분간 볶는다.
4. 한입 크기로 썬 케일, 채수, 이탈리아 시즈닝을 넣고 중약불에서 15분간 뭉근하게 끓인다.
5. 감자가 익으면 두유를 넣고 5분간 뭉근하게 끓인다.
6. 불을 끄고 레드 페퍼 플레이크, 소금, 후추로 간한다.

memo

영양 지식

감자는 비타민C와 칼륨이 풍부한 채소예요. 탄수화물 급원 식품이지만 칼로리는 낮고 식이섬유는 높아 포만감을 주기 때문에 식단 조절에 도움을 받을 수 있답니다. 감자에 부족한 단백질은 두유로 보완해주고, 비타민A, C, K가 풍부한 케일을 더해 영양학적으로도 완벽한 한 끼를 만들어보세요.

Baby Napa Cabbage and Soy Milk Soup

○

배추두유수프

배춧국을 끓이고 남은 채소로 간단한게 만드는 삼삼한 맛의 수프입니다. 보통 수프에는 맛을 위해 우유나 크림을 넣지만 두유로 대체해도 크림 스튜 같은 느낌을 낼 수 있습니다. 두유는 단맛이 가미되지 않은 무가당 두유를 추천합니다.

---

ingredient

알배추 200g
당근 100g
팽이버섯 100g
채수(73쪽) 250ml
두유 150ml
소금 약간

1 알배추와 당근은 한입 크기로 썬다. 팽이버섯은 적당한 크기로 찢는다.

2 냄비에 한입 크기로 썬 알배추와 당근, 찢은 팽이버섯, 채수를 넣고 중약불에서 10분간 뭉근하게 끓인 뒤 소금으로 간한다.

3 두유를 넣고 5분간 더 뭉근하게 끓인다.

memo

○

영양 지식

우리에게 친숙한 배추. 배추는 식이섬유 외 '알릴이소티오시아네이트'라는 성분이 풍부해 대장 염증 완화에 효과가 있어 장과 관련된 질환을 예방해줍니다. 또한 '글루코시놀레이트' '시니그린'이라는 성분은 항암 효과가 뛰어난데, 이 두 성분은 배추의 하얀 부분에 많이 함유되어 있습니다. 김치를 잘 못 먹는 아이들을 위해 수프나 된장국 등에 배추를 활용하면 참 좋겠죠?

Curried Cauliflower Soup

커리콜리플라워수프

커리는 누구나 좋아하는 메뉴이지만, 커리와 함께 먹는 밥이나 난 때문에 탄수화물 섭취량이 늘어날 수 있습니다. 당 섭취량을 제한해야 한다면 커리에 들어가는 내용물을 저탄수화물 채소로 바꾸고 수프처럼 즐겨보세요. 당근이나 병아리콩, 렌틸콩 등을 섞으면 맛과 영양이 한층 풍부해집니다.

---

ingredient

콜리플라워 300g
양파 1/2개
채수(73쪽) 1컵
두유 1/2컵
올리브오일 1큰술
커리가루 1큰술
소금 약간
후추 약간

토핑
올리브오일 1큰술
후추 약간

1 콜리플라워는 작게 송이를 나눠 자른다. 양파는 곱게 다진다.
2 달군 냄비에 올리브오일 1큰술을 두른 뒤 곱게 다진 양파를 넣고 5분간 볶는다.
3 송이를 나눠 자른 콜리플라워를 넣고 5분간 더 볶은 뒤 커리가루, 소금으로 간하고 2분간 더 볶는다.
4 채수를 넣고 중불에서 15분간 잘 저으며 뭉근하게 끓인다.
5 두유를 넣고 5분간 더 끓인 뒤 소금, 후추로 간한다.
6 믹서에 커리콜리플라워수프를 넣고 곱게 간다.
7 그릇에 곱게 간 커리콜리플라워수프를 담고 토핑을 올린다.

참고 사항

- 이 레시피는 혈당을 최대한 덜 높이면서 우리가 흔히 상상할 수 있는 커리 맛을 느낄 수 있도록 재현한 레시피입니다. 건강을 위해서 커리가루를 강황가루로 대체한다면 전혀 다른 맛의 수프가 되니 주의하세요. 커리가루는 자신이 좋아하는 맛으로 준비하면 됩니다.

영양 지식

매콤하면서 향긋한 맛으로 사랑받는 커리의 주 재료 강황에는 커큐민 성분이 풍부하게 들어 있습니다. 커큐민은 염증 반응과 암 활성화를 억제한다 알려진 천연 유래물로 꾸준히 섭취하면 유해 산소로 손상된 DNA와 세포 단백질 및 효소를 보호할 수 있습니다. 커큐민은 지용성 물질이기 때문에 우유나 두유로 조리하면 흡수에 도움이 되고, 후추를 넣으면 피페린 성분이 위장 벽을 완화해 커큐민 흡수율을 증가시키니 조리 시 적극 활용해보세요.

memo

Minestrone Soup

콩수프

콩과 토마토, 냉장고에 있는 각종 채소가 주인공이 되는 이 메뉴는 만들기 쉬운 간단한 음식입니다. 베이컨 등을 넣기도 하지만 없어도 충분히 깊은 맛을 낼 수 있으니 원하는 채소를 조합하여 만들어보세요.

ingredient

당근 1/2개
감자 1/2개
셀러리 1대
양파 1/2개
마늘 2쪽
통조림 콩 1/2캔
통조림 토마토 1캔
채수(73쪽) 600ml
월계수 잎 1장
건 오레가노 1작은술
올리브오일 2큰술
소금 약간
후추 약간

토핑

파슬리 잎 약간

memo

1 당근, 감자, 셀러리는 껍질을 벗기고 한입 크기로 썬다. 양파는 곱게 다진다. 마늘은 곱게 다진다. 통조림 콩은 흐르는 물에 씻은 뒤 물기를 뺀다.

2 달군 냄비에 올리브오일을 두른 뒤 곱게 다진와 양파, 다진 마늘을 넣고 5분간 볶는다.

3 한입 크기로 썬 당근과 감자, 샐러리를 넣고 5분간 더 볶는다.

4 통조림 콩, 통조림 토마토, 통조림 토마토 국물을 넣고 토마토를 으깨며 잘 섞는다.

5 채수, 월계수 잎, 건 오레가노를 넣고 중불에서 20분간 뭉근하게 끓인다.

6 월계수 잎을 빼고 소금, 후추로 간한다.

7 그릇에 콩수프를 담고 토핑을 올린다.

영양 지식

이탈리아 전통 수프 미네스트로네의 재료인 양파, 당근, 셀러리에는 비타민A, C가 풍부하게 들어 있어 면역력을 강화시켜 줍니다. 또한 섬유질이 풍부하여 장 건강에 큰 도움이 되는 식재료로 알려져 있습니다. 미네스트로네의 필수 재료인 토마토는 강력한 항산화제로 알려진 라이코펜이 가득하여 노화를 막는 식재료로 각광받고 있지요. 여름에는 애호박, 겨울에는 시금치 등 제철을 맞이한 채소로 미네스트로네를 만들어보세요.

Tomato White Bean Soup

○

토마토흰콩수프

달콤하고 부드러운 토마토, 흰콩, 양파 등을 사용해서 만드는 수프입니다. 흰콩은 걸쭉한 질감과 든든한 포만감, 식물성 단백질을 더하는 역할을 하지요. 만약 토마토의 신맛이 조금 강하게 느껴진다면 설탕을 약간 넣어서 신맛을 조절하세요. 레시피에는 바질을 썼지만 파슬리를 사용해도 됩니다. 따뜻한 한 그릇의 수프는 몸과 마음을 모두 편안하게 만들어줍니다. 원하는 대로 재료를 조합해 자신만의 특별한 레시피로 완성해보세요.

---

ingredient

통조림 흰콩 1캔
양파 1/2개
마늘 3쪽
레몬 1개
통조림 토마토 1캔
채수(73쪽) 500ml
레드 페퍼 플레이크 약간
올리브오일 1큰술
소금 약간
후추 약간

토핑
레몬 제스트 약간

1 통조림 흰콩은 흐르는 물에 씻은 뒤 물기를 뺀다. 양파와 마늘은 곱게 다진다. 레몬은 껍질을 갈아 제스트를 만든다.

2 달군 냄비에 올리브오일을 두른 뒤 곱게 다진 양파와 마늘을 넣고 살짝 볶는다.

3 소금, 추후로 간하고 5분간 더 볶는다.

4 통조림 흰콩, 통조림 토마토, 통조림 토마토 국물을 넣고 토마토를 으깨며 5분간 더 볶는다.

5 채수를 넣고 중약불에서 20분간 뭉근하게 끓인다.

6 레드 페퍼 플레이크, 소금, 후추로 간하고 섞은 뒤 레몬 제스트를 약간 넣고 한 번 더 섞는다.

7 그릇에 토마토흰콩수프를 담고 토핑을 올린다.

memo

○

영양 지식

콩 중 제일 흔하게 접할 수 있는 흰콩은 두부나 간장, 된장 등의 원료로 많이 쓰이고 있어요. 흰콩은 검은콩, 완두콩, 강낭콩보다 훨씬 많은 이소플라본이 들어 있어 약재로도 많이 쓰이는 식재료이죠. 심혈관과 전립선 질환, 항노화 등에 효과적인 이 성분은 식품으로 섭취할 때 훨씬 좋으니 밥과 수프 등에 넣어 꾸준히 섭취해보세요.

Pesto Soup

○

페스토수프

봄의 제철 식재료인 햇 양파와 여린 채소를 이용해 만드는 수프입니다. 프랑스에서는 페스토를 '피스투'라고 부르는데, 신선한 채소 수프에 페스토 한 숟가락을 가볍게 풀면 피스투수프, 즉 페스토수프가 됩니다. 이 수프는 향기로운 허브 향과 깊은 풍미를 모두 즐길 수 있는 산뜻한 메뉴입니다. 완두콩은 계절에 따라 신선한 것 또는 냉동 모두 사용해도 좋습니다. 어느 것이든 불리지 않고 바로 사용하면 됩니다.

---

ingredient

아스파라거스 5대
대파 1대
햇 양파 1/2개
햇 완두콩 1/2컵
채수(73쪽) 500ml
올리브오일 1큰술
소금 약간
후추 약간

토핑

허브페스토(53쪽) 2큰술

memo

○

1 아스파라거스는 껍질을 벗기고 밑동을 5cm 정도 자른 뒤 한입 크기로 썬다. 대파는 송송 썬다. 햇 양파는 곱게 다진다.

2 달군 냄비에 올리브오일을 두른 뒤 송송 썬 대파, 다진 햇 양파를 넣고 3분간 볶는다.

3 한입 크기로 썬 아스파라거스, 햇 완두콩, 채수를 넣고 중불에서 5분간 뭉근하게 끓인다. 소금, 후추로 간한다.

4 그릇에 수프를 담고 토핑을 1큰술씩 얹는다.

영양지식

아스파라거는 '아스파라긴산'이라는 아미노산이 콩나물에 비해 1,000배 이상 이를 정도로 다량 함유하고 있어요. 그래서 특유의 쌉쌀한 맛이 있지만 이는 신진대사를 촉진해 단백질 합성 작용을 돕습니다. 아스파라긴산은 피로 회복과 자양 강장에도 효과가 있으니 나른해지기 쉬운 봄철, 페스토 수프로 건강하게 지내보세요.

Lotus Root and Perilla Seed Soup

○

연근들깨탕

채소로 만든 보양식의 대표 메뉴입니다. 연근과 버섯을 듬뿍 넣고 부드럽게 익힌 다음 들깻가루를 넉넉히 풀면 풍미 깊고 영양 가득한 탕이 완성됩니다. 들깻가루와 잘 어울리는 두부나 토란을 넣으면 더욱 좋습니다.

---

ingredient

연근 1/3개
표고버섯 2개
느타리버섯 50g
대파 1/2대
들기름 1큰술
국간장 1큰술
들깻가루 4큰술

육수

다시마 1장
물 500ml

1. 연근은 껍질을 벗기고 한입 크기로 썬다. 표고버섯은 기둥을 제거하고 갓만 송송 썬다. 느타리버섯은 손으로 찢는다. 대파는 송송 썬다.
2. 냄비에 모든 육수 재료를 넣고 끓인다. 육수가 끓기 직전에 불을 끄고 다시마를 뺀다.
3. 달군 냄비에 들기름을 두른 뒤 한입 크기로 썬 연근, 송송 썬 표고버섯 갓, 찢은 느타리버섯, 송송 썬 대파를 넣고 5분간 볶는다.
4. 육수를 넣고 연근이 익을 때까지 10분간 뭉근하게 끓인다.
5. 불을 끈 뒤 국간장, 들깻가루로 간하고 잘 섞는다.

참고 사항

- 들깻가루가 없으면 참깨나 검은깨를 갈아서 찹쌀가루를 2:1로 섞고 물에 살짝 개어 넣어주세요.
- 육수를 낼 때 물 대신 채수(73쪽)를 사용해도 됩니다.

영양 지식

건강 관리를 위해 오메가3 챙겨 드시나요? 이젠 식사에서 들깨를 챙겨보세요. 들깨에는 오메가3 지방산의 일종인 알파리놀렌산이 풍부해 원활한 혈액순환을 도와 혈관 건강에 도움을 주지요. 또한 들깨에 함유된 비타민E는 체내 활성산소를 제거하고, 항산화 작용을 통해 세포 재생에 도움을 주어 노화를 예방하는 데 탁월한 효과가 있답니다.

memo

○

Chinese Corn Soup

○

옥수수탕

달콤한 옥수수 향과 간장의 풍미, 그리고 걸쭉한 질감이 완벽하게 어우러진 중국식 옥수수탕입니다. 옥수수의 깊고 진한 맛을 원한다면 옥수수를 노릇하게 볶아야 하고, 간장을 약간 넣어 불향을 더하면 좋습니다.

---

ingredient

통조림 옥수수 1컵
표고버섯 2개
실파 1대
참기름 1작은술
국간장 1큰술
현미식초 1큰술
설탕 1/2큰술
물 600ml
소금 약간
후추 약간

전분물
옥수수 전분가루 1작은술
물 1작은술

1 통조림 옥수수는 흐르는 물에 씻은 뒤 물기를 뺀다. 표고버섯은 기둥은 제거하고 갓만 얇게 저민다. 실파는 송송 썬다.

2 볼에 통조림 옥수수를 넣고 소금, 후추로 간한 뒤 가볍게 으깬다.

3 달군 냄비에 참기름을 두른 뒤 으깬 옥수수를 넣고 중불에서 3분간 볶는다.

4 물을 붓고 얇게 저민 표고버섯을 넣고 국간장, 현미식초, 설탕으로 간한 뒤 10분간 뭉근하게 끓인다.

5 달걀물을 넣고 소금, 후추로 간한 뒤 가볍게 휘젓는다.

6 전분물을 조금씩 부어 국물이 살짝 걸쭉해지게 한다.

7 불을 끄고 다진 실파를 뿌린다.

참고사항

○ 건 표고버섯을 사용할 경우 건 표고버섯 10g을 물에 30분 이상 불린 뒤 손으로 물기를 꼭 짜서 쓰세요. 건 표고버섯 불린 물은 육수로 대체해서 써도 좋습니다.

○ 사과식초는 특유의 단맛이 강해 수프의 맛을 해칠 수 있으니 가급적 사용하지 않는 게 좋습니다.

영양 지식

탄수화물이 주된 영양소로 에너지 공급원으로 활용되는 옥수수는 식이섬유가 풍부하고, 씨눈에 함유된 필수지방산인 리놀레산은 혈관 건강에 도움이 된다고 알려져 있어요. 달걀이나 육류, 콩 등과 함께 먹으면 옥수수에 부족한 필수아미노산을 보완할 수 있습니다.

memo

○

Bok Choy Silken Tofu Soup

청경채두부탕

부드러운 연두부와 푹 익으면 부드러워지는 청경채를 활용해 목 넘김이 편안한 국물 요리를 완성했습니다. 가다랑어포 대신 채수를 사용해 채식 요리로 만들 수도 있습니다. 취향에 따라 다진 마늘이나 레드 페퍼 플레이크를 넣어도 잘 어울립니다.

ingredient

청경채 1개
연두부 1/2모
국간장 1큰술

육수
물 500ml
다시마 1장
가다랑어포 1줌

1 청경채는 밑동을 자르고 한입 크기로 썬다.

2 냄비에 물, 다시마를 넣고 끓인다. 물이 끓기 직전에 불을 끄고 다시마를 뗀 뒤 건 가다랑어포를 넣고 10분간 우린다.

3 육수를 체에 걸러 가다랑어포를 뺀 뒤 육수는 다시 냄비에 넣고 한소끔 끓인다.

4 육수가 끓으면 한입 크기로 썬 청경채를 넣고 3분간 끓인다.

5 연두부를 숟가락으로 떠서 넣고 2분간 더 끓인다.

6 불을 끄고 간장으로 간한다.

memo

영양 지식

수분이 많아 아삭한 식감이 좋은 청경채는 칼륨, 칼슘뿐만 아니라 각종 비타민이 풍부해 체내 혈압을 낮추고 면역력 증대에 도움을 주는 채소입니다. 특히 청경채 속 철분, 아연, 마그네슘, 칼슘은 골밀도를 향상시키는 데 도움이 되고 풍부한 비타민K는 칼슘 흡수를 도와 뼈 건강과 재생에 도움을 줍니다. 나이가 들수록 뼈 건강이 중요한 만큼 부드러운 연두부를 다양하게 즐겨보세요.

Part 2. Everyday Meal

단호박토핑샐러드 ○ 렌틸콩보리웜샐러드 ○ 로스트알배추시저샐러드 ○ 뿌리채소땅콩소스웜샐러드 ○ 연근명란샐러드 ○ 지중해식모듬콩샐러드 ○ 오이키위카르파치오 ○ 체리방울토마토샐러드 ○ 케일사과청포도샐러드 ○ 비트당근코울슬로 ○ 적양배추간장소스코울슬로 ○ 무쌈말이 ○ 스프링롤 ○ 포두부채소말이

몸이 가벼워지는
상큼한 샐러드

샐러드를 좋아하지 않는다면 아직 내 입맛에 맞는 샐러드를 만나지 못했을 가능성이 높습니다. 샐러드는 잎채소만 가득한 것, 차가운 것만이 샐러드의 전부인 건 아닙니다. 좋아하는 채소, 과일을 듬뿍 넣은 것, 따뜻하게 조리한 것도 샐러드에 포함됩니다. 다양한 샐러드를 만들며 내 입맛에 맞는 것을 찾아보세요.

tip. 샐러드는 2인분 분량으로 표기했습니다.

· 다양한 재료 조합 ·

샐러드는 신선한 채소는 물론, 과일, 치즈, 견과류, 두부, 콩류 등으로 만들 수 있습니다. 다양한 맛과 식감이 더해질수록 맛있는 샐러드가 되는 법이니 이것저것 넣고 빼보며 나만의 조합을 찾아보세요.

· 다양한 드레싱 ·

샐러드 드레싱은 심심한 채소의 맛을 채워주는 신의 한 수가 될 수 있습니다. 올리브오일과 식초, 소금, 후추로 만드는 프랑스식 샐러드 드레싱 비네그레트부터 오리엔탈 드레싱, 시저 드레싱 등 다양한 드레싱을 만들어보세요.

· 따뜻한 샐러드 ·

에어프라이어나 오븐에 구운 뿌리채소를 드레싱에 버무리면 따뜻한 샐러드가 됩니다. 마찬가지로 삶은 곡물과 콩에 다진 채소와 드레싱을 섞어도 따뜻한 샐러드가 되지요. 여기에 신선한 생 채소를 섞어 넣으면 다양한 질감과 영양소를 얻을 수 있습니다.

Pumpkin Salad with Topping

단호박토핑샐러드

토핑은 다양한 질감과 색감을 더해 단조로운 샐러드에 흥미를 더하고, 영양소도 보충해줍니다. 노란 단호박 위에 건강한 재료의 토핑을 얹으면 마치 이탈리아 젤라토 가게 메뉴처럼 근사한 델리 스타일 단호박샐러드가 완성됩니다. 단호박을 손질할 때 껍질을 모두 벗기지 않고 남겨 두면 샐러드의 색감이 더욱 풍부해져요.

ingredient

단호박 250g
비건두부마요네즈(51쪽) 2큰술
그릭 요거트 2큰술
꿀 1큰술
레몬즙 1큰술
소금 약간
후추 약간

토핑

양파 1/4개
아몬드 슬라이스 1큰술
다진 파슬리 1/2작은술
건 크랜베리 30g

1 단호박은 반으로 자르고 껍질을 벗긴 뒤 씨를 긁어낸다. 양파는 곱게 다진 뒤 찬물에 10분간 담갔다가 건져내 물기를 뺀다.

2 찜기에 손질한 단호박을 넣고 5~10분간 찐다.

3 볼에 찐 단호박을 넣고 포크로 살짝 으깬 뒤 한 김 식힌다.

4 으깬 단호박에 비건두부마요네즈, 그릭 요거트, 꿀, 레몬즙을 넣고 잘 섞는다.

5 달군 팬에 아몬드 슬라이스를 넣고 살짝 볶은 뒤 한 김 식힌다.

6 단호박샐러드에 곱게 다진 양파, 구운 아몬드 슬라이스를 포함한 모든 토핑을 넣고 소금, 후추로 간한 뒤 살짝 버무린다.

memo

영양 지식

단호박의 노란 빛깔에 숨겨져 있는 베타카로틴은 노화를 억제하는 데 효과적이에요. 또한 풍부한 비타민A와 C는 콜라겐 합성에 관여하므로 피부미용에 효과적이지요. 예로부터 부기 제거를 위해 호박즙을 달여 먹었듯이 단호박 속 칼륨은 나트륨 배출을 돕고 당질이 적어 다이어트 식재료로 안성맞춤입니다. 부드러운 소스와 함께 건강한 황금빛 식탁을 차려보세요.

Warm Lentil Barley Salad

렌틸콩보리웜샐러드

샐러드는 간편한 한 그릇 요리입니다. 여기에 기호에 맞게 채소, 콩 등 건강한 식재료를 곁들이면 맛과 영양을 챙길 수 있답니다. 렌틸콩, 보리, 버섯 같은 재료는 미리 익혀 두었다가 먹기 전에 데워 샐러드에 섞어도 좋습니다. 바쁜 하루에도 건강한 한 끼를 책임지는 기분 좋은 레시피입니다.

ingredient

통 찰보리 1/3컵
통조림 렌틸콩 1/2캔
느타리버섯 100g
양송이버섯 100g
양파 1/2개
마늘 1쪽
버터 10g
올리브오일 2큰술
현미식초 1큰술
소금 약간
후추 약간

토핑

타임 잎 1큰술

memo

1 찬물에 통 찰보리를 넣고 1시간 정도 불린다. 통조림 렌틸콩은 흐르는 물에 씻은 뒤 물기를 뺀다. 느타리버섯은 손으로 찢는다. 양송이버섯은 한입 크기로 썬다. 양파와 마늘은 곱게 다진다.

2 냄비에 물을 넣고 끓인다. 물이 끓으면 불린 통 찰보리를 넣고 20분간 끓인 뒤 흐르는 물에 씻고 물기를 뺀다.

3 달군 팬에 버터를 넣고 녹인 뒤 곱게 다진 양파와 마늘을 넣고 3분간 볶는다.

4 찢은 느타리버섯, 한입 크기로 썬 양송이버섯을 넣고 소금, 후추로 간한 뒤 익을 때까지 5~7분간 더 볶는다.

5 내열용 용기에 익힌 통 찰보리, 통조림 렌틸콩을 담고 전자레인지에 30초간 돌려 따뜻하게 데운다.

6 데운 통 찰보리와 통조림 렌틸콩에 볶은 느타리버섯과 양송이버섯을 넣고 올리브오일, 현미식초, 소금, 후추로 간한 뒤 잘 섞는다.

7 그릇에 렌틸콩보리웜샐러드를 담고 토핑을 올린다.

영양 지식

보리는 쌀에 비해 식이섬유가 10배나 높아 당뇨를 비롯한 만성질환 환자들에게 추천하는 곡물이에요. 칼슘, 인과 아연, 비타민B2 등이 많이 들어 있어 건강을 챙긴다면 밥에 쌀보다 보리 함량을 높이는 것을 적극 추천해요. 단백질이 풍부한 렌틸콩과 버섯류를 넣어 영양 밸런스까지 맞춘 든든한 샐러드로 건강을 챙겨보세요.

Roasted Baby Napa Cabbage Caesar Salad

○

로스트알배추시저샐러드

알배추는 심이 붙어 있도록 길게 자른 뒤 그릴 팬에서 거뭇하게 색이 날 때까지 굽는 것이 핵심입니다. 이렇게 구우면 고소한 맛과 달콤함이 섞인 독특한 맛을 즐길 수 있습니다. 이 레시피는 담는 방식에 따라 우아한 브런치 샐러드로도 활용할 수 있어요. 레몬을 함께 구워 사용하면 톡 쏘는 시트러스 향이 부드럽게 변해 요리에 깊이를 더합니다. 이 샐러드가 입맛에 잘 맞다면 양배추, 알배추, 잎이 부드러운 양상추도 통째로 구워 요리해보세요.

---

ingredient

알배추 1/2포기
레몬 1/2개
올리브오일 적당량
소금 약간
후추 약간

드레싱
앤초비 1개
마늘 1쪽
비건두부마요네즈(51쪽) 1/2컵
디종 머스터드 1/2작은술
올리고당 1/2작은술
레몬즙 1작은술
파르메산 치즈(가루) 1큰술

토핑
파르메산 치즈(가루) 적당량

memo
○

1 알배추는 세로로 길게 2등분한다. 앤초비와 마늘은 곱게 다진다.

2 알배추 단면에 조리용 솔로 올리브오일을 바른다.

3 200℃로 예열한 그릴에 알배추를 올리고 알배추 단면에 거뭇한 그릴 자국이 남도록 한 면당 5분씩 총 10분간 굽는다. 알배추를 뒤집을 때마다 소금, 후추로 간한다. 2분 정도 남았을 때 레몬 단면이 거뭇한 그릴 자국이 남도록 과육 쪽을 그릴 바닥에 놓고 같이 굽는다.

4 볼에 곱게 다진 앤초비와 마늘을 포함한 모든 드레싱 재료를 넣고 잘 섞는다.

5 그릇에 드레싱을 넓게 펴 바르고 구운 알배추를 담은 뒤 토핑을 올린다.

6 구운 레몬으로 레몬즙을 짜서 알배추에 뿌린다.

참고 사항

- 작은 알배추 1/2포기를 사용할 경우 세로로 2등분하지 않고 그대로 조리하면 됩니다.
- 그릴 대신 에어프라이어를 사용해도 됩니다. 알배추 단면에 올리브오일을 바른 뒤 소금, 후추로 간합니다. 200℃로 예열한 에어프라이어에 알배추를 넣고 5~8분간 노릇해지도록 굽습니다. 이때 레몬도 알배추와 같이 넣고 구워주세요.

영양 지식

이탈리아 요리에 자주 쓰이는 앤초비는 한국의 젓갈과 비슷한 식재료로 생선, 생선 내장이나 갑각류, 조개류 등을 발효, 숙성하여 오일로 저장시킨 식품입니다. 앤초비는 샐러드만으로 부족할 수 있는 필수아미노산을 보충해주지요. 지방, 칼슘과 니아신 또한 풍부하지만 나트륨 함량이 높아 적당량을 먹어야 합니다.

Warm Root Vegetables Salad with Peanut Butter Sauce

뿌리채소땅콩소스웜샐러드

오븐에서 한 트레이 가득 구워 간단하게 완성하는 따뜻한 샐러드입니다. 뿌리채소의 단맛이 깊어지는 겨울에 다양한 재료로 풍성한 식탁을 차려보세요. 소스는 열에 취약한 편이라서 조리 시간, 조리 방법을 조금만 잘못해도 홀라당 타버립니다. 그러니 뿌리채소에 소스를 묻혀 굽는 과정을 진행할 때는 주의 깊게 살펴야 합니다.

---

ingredient

당근 1개
비트 1/2개
연근 1/4개
적양파 1/2개
올리브오일 3큰술
소금 약간
후추 약간

소스

땅콩버터 3큰술
간장 1/2큰술
맛술 1큰술
시나몬 파우더 1/2작은술
다진 마늘 1/2작은술
소금 약간
후추 약간

1 당근, 비트, 연근, 적양파는 껍질을 벗긴 뒤 한입 크기로 썬다.
2 볼에 한입 크기로 썬 당근, 비트, 연근, 적양파, 올리브오일을 넣고 소금, 후추로 간한 뒤 골고루 버무린다.
3 200°C로 예열한 오븐에 모든 채소를 넣고 완전히 푹 익을 때까지 뒤적이며 30~40분간 굽는다.
4 볼에 모든 소스 재료를 넣고 잘 섞는다.
5 구운 채소에 소스를 넣고 골고루 버무린 뒤 10분간 더 굽는다.

참고 사항

- 오븐 대신 에어프라이어를 사용해도 됩니다. 뿌리채소를 조금 작게 썰고 올리브오일 스프레이를 골고루 뿌려주세요. 180°C로 예열한 에어프라이어에 작게 썬 뿌리채소를 넣고 푹 익을 때까지 뒤적이며 25분간 구워주세요. 구운 뿌리채소에 소스를 버무리고 5분간 더 구워줍니다.

영양 지식

흙 속 수분과 기운을 고스란히 담은 뿌리채소는 그 효능이 무궁무진하죠. 인체의 체액과 혈액은 약알칼리성을 띠고 있어요. 그래서 육류, 가공식품처럼 산성화된 음식보다 무기질 성분이 풍부한 알칼리성 음식을 먹어 중화시켜주는 것이 건강 관리에 좋습니다. 뿌리채소는 대부분 약알칼리성을 띠지만 식이섬유도 풍부해 원활한 배변 활동을 도와 장 건강까지 챙겨줍니다. 각 기능별로 다양하게 섭취해 보세요.

memo

Lotus Root and Pollock Roe Salad

○

연근명란샐러드

연근은 써는 방식에 따라 새로운 식감을 느낄 수 있어요. 아삭아삭한 식감을 좋아한다면 연근을 얇게 저민 후 데쳐서 드세요. 부드러운 식감을 원한다면 두껍거나 한입 크기로 썰고 익혀주세요. 여기에 명란젓을 곁들인다면 심심한 식감과 간을 딱 맞춰줄 거예요.

---

ingredient

연근 1/2개
식초 1큰술
물 적당량

소스
다진 실파 1큰술
저염 백명란젓(소) 1개
비건두부마요네즈(51쪽) 1큰술
소금 약간

1 연근은 껍질을 벗기고 얇게 썬다.

2 냄비에 물과 식초를 넣고 한소끔 끓인다. 물이 끓으면 연근을 넣고 살짝 아삭함이 남아 있을 정도로 익힌다.

3 익힌 연근은 얼음물에 담가 식히고 물기를 뺀다.

4 볼에 모든 소스 재료를 넣고 잘 섞는다. 이때 백명란젓은 껍질은 빼고 내용물만 넣는다.

5 소스에 익힌 연근을 넣고 골고루 버무린다.

참고사항

○ 일반마요네즈를 사용한다면 명란은 1개면 충분합니다. 하지만 비건두부마요네즈를 사용한다면 간이 조금 심심할 수 있어요. 그러면 입맛에 따라 백명란젓의 양을 추가해주세요. 명란젓은 유기농, 무첨가 인증 마크가 있고 보존제, 색소 등의 첨가물을 사용하지 않은 상품으로 먹어야 건강에 이롭습니다.

영양지식

설탕을 가득 넣어 조림 반찬으로 먹었던 연근을 이제 고소한 샐러드로 즐겨보세요. 레몬과 비슷할 정도로 비타민C가 풍부해 면역력과 피로 회복에 탁월하며 끈적이는 점액 성분인 뮤신은 인슐린 분비를 촉진해 효과적으로 혈당 조절을 하는 데 도움을 줍니다. 또한 뮤신은 위벽을 보호해 위염이나 위궤양을 예방하는 역할을 합니다.

memo

○

Mediterranean Mixed Bean Salad

지중해식모듬콩샐러드

다양한 색과 질감의 콩을 모아 만드는 산뜻한 샐러드입니다. 콩을 각각 따로 삶는 것이 번거롭다면 통조림 콩을 활용해도 좋습니다. 콩만 먹기 부담스럽다면 단호박 속에 콩을 넣어 구워보세요. 손님 접대용으로도 훌륭한 건강 요리가 완성됩니다.

---

ingredient

카넬리니콩, 강낭콩, 검은콩, 동부콩, 완두콩 1/2컵씩
오이 1/2개
적양파 1/3개
선드라이 토마토 3개
굵게 다진 파슬리 2큰술

소스

레몬 1개
마늘 1쪽
올리브오일 4큰술
레드와인식초 1큰술
디종 머스터드 1작은술
꿀 1작은술
소금 약간
후추 약간

Prep. 찬물에 모든 콩을 넣고 12시간 동안 불린다. 오이는 씨를 제거하고 곱게 다진다. 적양파는 곱게 다진 뒤 찬물에 10분간 담갔다가 건져내 물기를 뺀다. 선드라이 토마토는 굵게 다진다. 레몬을 껍질을 갈아 제스트를 만든다. 남은 레몬으로 레몬즙을 짠다. 마늘은 칼등으로 으깬 뒤 적당히 다진다.

1 냄비에 물을 붓고 끓인다. 물이 끓으면 불린 모든 콩을 넣고 30분간 끓인 뒤 물기를 뺀다.

2 볼에 레몬 제스트, 레몬즙, 다진 마늘을 포함한 모든 소스 재료를 넣고 잘 섞는다.

3 소스에 익힌 콩, 곱게 다진 오이와 적양파, 굵게 다진 선드라이 토마토를 넣고 잘 버무린 뒤 굵게 다진 파슬리를 넣고 살짝 더 버무린다.

memo

영양 지식

단백질 섭취를 늘리고 싶은 분에게는 다양한 콩 섭취를 추천합니다. 고소한 맛과 영양 밸런스를 함께 맞출 수 있지요. 콩은 단백질이 35~40%로 구성되어 있고 식이섬유, 비타민, 무기질이 풍부해 '밭에서 나는 쇠고기'라는 별명이 붙었어요. 종류가 많은 만큼 콩마다 영양 성분도 제각각이어서 많은 질환으로부터 우리 몸을 지킬 수 있습니다.

Plus Recipe

미니단호박구이

영양 간식부터 식사까지 다방면으로 활용할 수 있는 레시피입니다. 고운 색상의 조화를 느낄 수 있도록 다채로운 채소를 섞어서 만들어보세요. 이 단호박 안에는 여름라타투이(187쪽)를 넣어도 맛이 아주 좋습니다.

ingredient

미니 단호박 3개, 통조림 병아리콩 1/2컵, 통조림 강낭콩 1/2컵, 빨강 파프리카 1/3개, 새송이버섯 1/2개, 양파 1/4개, 곱게 다진 파슬리 1큰술, 건 크랜베리 2큰술, 파르메산 치즈(가루) 1큰술, 올리브오일 약간, 소금 약간, 후추 약간

1. 미니 단호박의 윗 꼭지 부분인 1/4 지점을 가로로 자르고 숟가락으로 씨를 긁어낸다. 통조림 병아리콩과 강낭콩은 흐르는 물에 씻은 뒤 물기를 뺀다. 새송이버섯과 양파는 곱게 다진다. 빨강 파프리카는 심과 씨를 제거한 뒤 곱게 다진다.
2. 내열용 용기에 미니 단호박을 넣고 뚜껑을 덮은 뒤 전자레인지에 3~4분간 익힌다. 이때 너무 푹 익어서 뭉개지지 않도록 주의한다.
3. 달군 팬에 올리브오일을 두른 뒤 곱게 다진 양파를 넣고 3분간 볶는다.
4. 곱게 다진 새송이버섯과 빨강 파프리카를 넣고 소금, 후추로 간한 뒤 5분간 더 볶는다.
5. 병아리콩, 강낭콩, 건 크랜베리를 넣고 소금, 후추로 간한 뒤 5~10분간 더 볶는다.
6. 불을 끄고 곱게 다진 파슬리를 넣은 뒤 살짝 섞는다.
7. 미니 단호박 속에 볶은 콩 재료를 넣고 파르메산 치즈를 뿌린다.
8. 200℃로 예열한 오븐에 미니 단호박을 넣고 10분간 굽는다.

참고 사항

- 미니 단호박을 전자레인지 대신 찜기에서 넣어서 익혀도 됩니다. 물이 끓어 김이 날 때 미니 단호박을 넣고 칼로 찌르면 부드럽게 들어갈 때까지 5분간 찝니다.
- 오븐 대신 180℃로 예열한 에어프라이어에 넣고 10분간 구워도 됩니다.

Cucumber Kiwi Carpaccio

오이키위카르파치오

아삭한 오이와 새콤달콤한 키위가 맛과 질감의 대조를 이루는 샐러드입니다. 재료는 최대한 얇게 썰고 양념은 심플하게 해야 과일 맛을 오롯이 느낄 수 있어요. 새콤한 그린키위, 달콤한 골드키위, 색감이 돋보이는 레드키위까지 취향에 따라 다양하게 활용해보세요.

ingredient

오이 1개
키위 2개

드레싱

샬롯 1/4개
라임 1/2개
올리브오일 2큰술
소금 약간
후추 약간

1 오이와 키위는 껍질을 벗긴 뒤 최대한 얇고 둥글게 저민다. 샬롯의 일부는 얇고 둥글게 저미고, 일부는 곱게 다진 뒤 모두 찬물에 10분간 담갔다가 건져내 물기를 뺀다. 라임은 껍질을 갈아 제스트를 만든다. 남은 라임으로 라임즙을 짠다.

2 볼에 얇고 둥글게 저민 샬롯, 곱게 다진 샬롯을 포함한 모든 드레싱 재료를 넣은 뒤 잘 섞는다.

3 라임즙을 뿌린 뒤 한 번 더 섞는다.

4 차가운 그릇에 얇게 저민 오이와 키위를 담고 드레싱을 뿌린다.

memo

영양 지식

수분으로 꽉 채워진 오이는 저칼로리에 식이섬유까지 풍부해 샐러드로 제격인 채소입니다. 또한 비타민C, 엽록소와 콜라겐의 성분들이 피부 건강에 도움이 되며 오이 껍질 속의 실리카겔은 피부 노화를 예방하는 데 효과적이에요. 여기에 비타민C가 오렌지의 2배, 비타민E는 사과의 6배나 들어 있는 키위를 함께 넣은 카르파치오라면 이너 뷰티를 챙기는 데 손색이 없겠죠!

Cherry and Cherry Tomato Salad

○

체리방울토마토샐러드

날씨가 더워지면 과일을 먹을 때 매콤한 고추나 양념을 넣어 함께 즐겨도 좋습니다. 이는 단맛과 매운맛이 적절히 섞여 떨어진 입맛을 자극하고 기운을 회복하는 데 좋은 방법입니다. 새콤달콤한 토마토와 체리에 생 할라페뇨와 라임을 더해 애피타이저이면서 식사 같은 특별한 샐러드를 만들어보세요. 라임은 레몬으로, 고수는 민트로 대체할 수 있지만 땅콩은 꼭 넣는 것이 좋습니다. 그 맛이 특별하니까요!

---

ingredient

체리 200g
방울토마토 250g
생 할라페뇨 1개
올리브오일 2큰술
꿀 1큰술
라임 1/2개
소금 약간
후추 약간

토핑

다진 땅콩 1큰술
레드 페퍼 플레이크 약간
고수 잎 적당량

1. 체리는 반으로 썰고 씨를 제거한다. 방울토마토는 반으로 썬다. 생 할라페뇨는 송송 썬다.
2. 볼에 반으로 썬 체리와 방울토마토, 송송 썬 생 할라페뇨, 올리브오일, 꿀을 넣고 소금, 후추로 간한 뒤 잘 버무린다.
3. 라임을 짜서 라임즙을 뿌린 뒤 살짝 더 버무린다.
4. 넓은 그릇에 체리방울토마토샐러드를 담고 토핑을 올린다.

memo

○

영양 지식

체리에 풍부한 퀘르세틴은 천연 항산화제로 활성산소를 제거하고 면역력 강화에 큰 도움을 줘요. 특히 퀘르세틴은 대장암을 예방, 개선하는 데 큰 효과가 있다고 알려져 있지요. 토마토 살사처럼 별다른 드레싱 없이 과일의 수분감과 당도만으로 맛있게 즐길 수 있는 메뉴이니, 다양한 제철 식재료로 비타민을 충전해보세요.

Kale Apple and Green Grape Salad

○

케일사과청포도샐러드

깨끗하고 맑은 풀 향기와 매력적인 식감의 케일은 다양한 재료와 잘 어울려요. 특히 사과와 청포도를 만나면 특유의 싱그러움이 한층 도드라진답니다. 이 샐러드는 언제 먹어도 좋지만 여름에 가장 잘 어울리는 상큼한 샐러드입니다. 사과는 갈변을 막기 위해 먹기 직전에 썰고, 한 번에 먹을 만큼만 준비하는 것이 좋습니다.

---

ingredient

케일 100g
사과 1/2개
청포도 100g
파슬리 잎 1/2컵

소스

마늘 1쪽
올리브오일 2큰술
사과식초 1/2큰술
디종 머스터드 1작은술
소금 약간
후추 약간

1 케일은 줄기를 자르고 잎만 굵게 채썬다. 사과는 심과 씨를 제거하고 한입 크기로 썬다. 청포도는 송송 썬다. 파슬리 잎은 굵게 다진다. 마늘은 곱게 다진다.

2 볼에 모든 소스 재료를 넣고 잘 섞는다.

3 소스에 굵게 채썬 케일, 한입 크기로 썬 사과, 송송 썬 청포도를 넣고 잘 버무린다.

4 굵게 다진 파슬리 잎을 넣고 살짝 더 버무린다.

참고사항

- 케일이 너무 질기면 소스만 넣고 가볍게 숨이 죽을 때까지 주무른 뒤 나머지 재료를 넣고 함께 버무려주세요.
- 청포도 껍질을 벗기고 싶다면 끓는 물에 청포도를 넣고 10초간 데친 뒤 얼음물에 담가 식힌 후 청포도 껍질과 씨를 제거해주세요.
- 청포도 대신 샤인머스캣을 사용해도 됩니다. 단, 당도가 높으니 주의해주세요.

영양지식

다양한 채소와 과일 속에는 파이토케미컬이라는 식물 영양소가 있어요. 고유한 색깔 속 파이토케미컬은 활성산소를 제거하고 디톡스에도 효과적이랍니다. 초록의 케일과 청포도의 조합이라면 DNA 손상을 억제하는 인돌과 다양한 비타민군 덕에 면역력 향상에 도움이 될 거예요. 잎채소에 거부감이 있다면 다양한 색깔의 과일을 넣어 만들어보세요.

memo

○

Beet Carrot Coleslaw

○

비트당근코울슬로

비트와 당근은 각각 매력적인 단맛과 아삭아삭한 식감 덕분에 생식으로 즐기기에 좋은 채소입니다. 다만 비트는 물이 들기 쉬워 채소 스틱으로 먹기엔 번거로울 수 있어서 화려한 색감의 코울슬로로 만들어 보았습니다. 생식이 어렵다고 느끼는 사람도 계속 찾을 정도로 부담 없이 즐길 수 있는 메뉴이니 꼭 만들어보길 바랍니다.

---

ingredient

비트 1/2개
당근 1/2개
다진 차이브 2큰술

소스

올리브오일 3큰술
레몬즙 2큰술
디종 머스터드 1큰술
꿀 1큰술
소금 약간
후추 약간

1 비트와 당근은 껍질을 벗기고 얇게 채썬다.

2 볼에 모든 소스 재료를 넣고 잘 섞는다.

3 소스에 채썬 비트와 당근을 넣고 골고루 버무린다.

4 다진 차이브를 넣고 살짝 더 버무린다.

memo

○

참고 사항

○ 차이브 대신 영양부추를 쫑쫑 썰어 넣어도 좋아요.

영양 지식

'혈관 청소부'라 알려져 있는 비트 속 베타시아닌과 질산염은 혈액의 생성과 혈관 확장에 도움을 줍니다. 여기에 칼륨과 인 성분이 풍부한 당근을 함께 섭취한다면 혈액과 신경을 개선하는 데 더욱 효과적입니다. 또한 당근 속 각종 미네랄은 혈액 순환을 활성화해 ABC 주스로 섭취해도 좋고, 코울슬로우로 만들어 먹으면 혈관 건강에 큰 도움이 될거에요.

Red Cabbage Coleslaw with Oriental Sauce

○

적양배추간장소스코울슬로

간장 베이스의 오리엔탈 소스를 가미한 코울슬로입니다. 취향에 따라 송송 썬 홍고추와 고춧가루를 첨가해 살짝 매콤하게 만들어도 맛있습니다. 그냥 먹어도 좋고 포케나 샌드위치의 속 재료로 활용해도 좋습니다. 어느 식사에나 곁들이기 좋은 만능 샐러드입니다.

---

ingredient

적양배추 1/4통
당근 1/2개
다진 고수 2큰술
다진 실파 2큰술

소스

간장 1큰술
현미식초 2큰술
꿀 1큰술
참기름 1큰술
간 생강 1작은술
참깨 1/2작은술

토핑

다진 땅콩 1큰술

1 적양배추는 질긴 심을 자르고 얇게 채썬다. 당근은 껍질을 벗기고 얇게 채썬다.

2 볼에 모든 소스 재료를 넣고 잘 섞는다.

3 소스에 채썬 양배추와 당근을 넣고 잘 버무린다.

4 다진 고수, 다진 실파를 넣고 살짝 더 버무린다.

5 그릇에 적양배추간장소스코울슬로를 담고 토핑을 올린다.

memo

○

영양 지식

양배추는 비타민U, K가 풍부해 위점막 재생을 돕고 위벽을 보호하는 식품으로 잘 알려져 있습니다. 특히 적양배추는 비타민C가 일반 양배추에 비해 풍부하고, 보랏빛 안토시아닌이 체내 염증을 억제하는 항산화 작용을 하며 시력 회복에도 도움을 줍니다. 양배추 속 '이소티오시아네이트' 성분의 항암 효과는 당근과 함께 이중 항산화 효과를 기대할 수 있지요. 알록달록 컬러감 있는 항산화 식탁을 차려보세요.

Korea Radish Pickle Roll

무쌈말이

구절판의 밀전병을 떠올리게 하는 다채로운 채소의 색감과 질감을 즐길 수 있는 간단한 레시피입니다. 취향에 따라 좋아하는 채소나 버섯을 자유롭게 넣어 만들어보세요. 쌈무는 돌돌 말기 전에 물기를 적당히 제거하고 사용하는 것이 좋습니다.

ingredient

쌈무 12장
표고버섯 2개
빨강 파프리카 1/3개
노랑 파프리카 1/3개
무순 30g
올리브오일 약간
소금 약간
후추 약간

소스

연겨자 1작은술
물 2큰술
설탕 1큰술
간장 1/2큰술
식초 1큰술

1 쌈무는 물기를 뺀다. 표고버섯은 기둥을 제거하고 갓만 얇게 저민다. 빨강, 노랑 파프리카는 심과 씨를 제거하고 길게 채썬다. 무순은 흐르는 물에 씻은 뒤 물기를 뺀다.

2 달군 팬에 올리브오일을 두른 뒤 얇게 저민 표고버섯 갓을 넣고 살짝 볶는다.

3 소금, 후추로 간하고 5분간 더 볶은 뒤 불을 끄고 한 김 식힌다.

4 도마에 쌈무를 놓고 볶은 표고버섯 갓, 채썬 모든 파프리카, 무순을 올린 뒤 돌돌 만다.

5 볼에 모든 소스 재료를 넣고 잘 섞는다.

6 그릇에 무쌈말이를 접은 곳이 아래로 가도록 담고 소스를 곁들인다.

memo

영양 지식

천연 소화제로 잘 알려져 있는 무는 디아스타제와 아밀라아제 효소가 있어 소화를 돕고 장 기능을 원활하게 해줍니다. 무 속에 있는 시니그린은 체내 기관지 점막 기능을 강화해 기침 증상을 완화하고 가래를 묽게 해주지요. 다양한 채소를 싼 무쌈말이로 채소 보양을 해보세요.

Summer Roll with Peanut Butter Sauce

○

스프링롤

좋아하는 채소를 듬뿍 넣어 취향에 맞게 만들 수 있는 스프링롤입니다. 땅콩 소스는 간단하면서도 맛있게 만들 수 있어요. 단맛을 더하고 싶다면 다진 파인애플을 약간 섞어보세요. 두유면은 콩으로 만든 면으로, 별다른 조리 없이 바로 사용할 수 있어 편리합니다. 두부면을 쓴다면 최대한 얇은 것을 고르는 것이 좋습니다.

---

ingredient

얇은 두유면(생략 가능) 50g
상추 8장
적양배추 100g
당근 1/2개
오이 1개
생 할라페뇨 1개
라이스 페이퍼 8장
고수 잎 1/2줌

소스

마늘 2쪽
땅콩버터(크리미) 1/3컵
현미식초 2큰술
간장 1/2큰술
참기름 1큰술

1 얇은 두유면은 손으로 꼭 짜서 물기를 빼고 봉지에 적힌 조리 안내에 따라 조리를 한 뒤 다시 손으로 꼭 짜서 물기를 뺀다. 상추는 흐르는 물에 씻은 뒤 물기를 뺀다. 적양배추는 두꺼운 심을 자르고 얇게 채썬다. 당근을 껍질을 벗기고 얇게 채썬다. 오이는 씨를 제거하고 껍질째 얇게 채썬다. 생 할라페뇨는 세로로 2등분하고 씨와 심을 제거한 뒤 송송 썬다. 마늘은 곱게 다진다.

2 볼에 곱게 다진 마늘을 포함한 모든 소스 재료를 넣고 잘 섞는다. 소스가 너무 되직하면 물을 1큰술씩 넣어 농도를 조절한다.

3 따뜻한 물에 라이스 페이퍼를 담갔다 꺼내어 도마에 얹은 뒤 상추, 얇은 두유면을 가로로 길게 올린다. 채썬 적양배추, 당근, 오이를 차례차례 올린다. 송송 썬 생 할라페뇨, 고수 잎을 뿌린다.

4 라이스 페이퍼 아래쪽 1/3부분을 위로 접고, 양옆을 안쪽으로 접은 뒤 김밥을 말듯이 단단하게 돌려 말고 반으로 썬다.

5 그릇에 반으로 썬 스프링롤을 담은 뒤 소스를 곁들인다.

memo

○

참고 사항

○ 라이스페이퍼를 뜨거운 물에 오래 담그면 찢어질 수 있으니 10초 이하로 담갔다가 빼는 것이 좋습니다.

영양 지식

칼로리 부담을 덜고 싶다면 두유면을 적극 활용해보세요. 두유면은 탄수화물은 줄이고 단백질은 늘릴 수 있으며 일반 면에 비해 나트륨 섭취도 줄일 수 있습니다. 최근 시중에 나온 많은 식사 대용품을 잘 활용하면 건강하고 지속 가능한 식단을 유지할 수 있으니 다양한 식재료를 즐겨보시기 바랍니다.

Tofu Sheet Vegetable Roll

○

포두부채소말이

포두부를 사용하면 도시락, 손님 초대, 간단한 반찬 등 여러 상황에 활용하기 좋은 채소말이를 간편하면서도 건강하게 만들 수 있습니다. 풀리지 않게 돌돌 말아 겹친 부분이 아래로 가도록 접시에 담아주세요. 비건두부마요네즈에 쌈장을 섞으면 매콤하고 고소하면서도 부드러운 소스가 완성됩니다. 이 소스는 채소 스틱과도 잘 어울리니 다양하게 곁들여보세요.

---

ingredient

포두부 100g
오이 1/2개
빨강 파프리카 1/3개
노랑 파프리카 1/3개
깻잎 8장
크래미 3개

소스

비건두부마요네즈(51쪽) 3큰술
견과류쌈장(45쪽) 1/2작은술

1 포두부는 흐르는 물에 씻은 뒤 키친타월 위에 올려 물기를 뺀다. 오이는 씨를 제거하고 얇게 채썬다. 빨강, 노랑 파프리카는 심과 씨를 제거하고 얇게 채썬다. 깻잎은 꼭지를 자르고 한 장 한 장 겹쳐서 돌돌 만 뒤 얇게 채썬다. 크래미는 결대로 찢는다.

2 볼에 모든 소스 재료를 넣어서 잘 섞는다.

3 포두부에 채썬 오이와 모든 파프리카, 깻잎, 잘게 찢은 크래미를 넣고 돌돌 만다.

4 접시에 포두부 채소말이를 접은 곳이 아래로 가도록 담은 뒤 소스를 곁들인다.

참고사항

○ 크래미 특유의 짭짤한 맛을 좋아한다면 그대로 쓰는 걸 추천해요. 하지만 첨가물이 걱정된다면 찬물이나 따뜻한 물에 담갔다가 쓰거나 살짝 데쳐서 쓰세요. 짭짤한 맛은 줄어들지만 첨가물을 조금이라도 뺄 수 있답니다. 가장 좋은 건 구매하려는 제품의 성분표를 보고 첨가물이 가장 적은 걸 고르는 습관을 들이는 겁니다.

영양 지식

파프리카를 하루 1/2개(100g)만 섭취해도 비타민C 하루 권장량인 100mg을 충족시킬 수 있어요. '비타민 채소'라는 별명이 붙은 파프리카는 식이섬유와 칼륨, 인 외에 색깔별로 다양한 영양소가 들어 있어 다양한 색깔의 파프리카를 고루 먹는 것을 추천해요. 라이코펜이 풍부해 면역력 강화에 도움이 되는 빨강색, 혈액응고를 막아 주는 노란색의 피라진 성분으로 혈관질환 예방까지 챙겨보세요.

memo

○

Part 2. Everyday Meal

두부마리네이드포케 ○ 무지개채소포케 ○ 병아리콩포케 ○ 타코샐러드볼 ○ 들기름메밀면샐러드

가볍지만 포만감이 있는 포케

Poke

포케는 하와이어로 '자르다', '썰다'라는 뜻으로 참치나 연어 등의 해산물을 먹기 좋게 썰어 간장 같은 소스에 버무린 음식입니다. 하와이 마트에서는 다양한 해산물로 만든 포케를 판매할 정도로 국민 음식이지요. 포케 볼은 곡물에 다양한 채소, 해산물, 소스를 함께 먹는 형태입니다. 마치 비빔밥과 비슷하죠? 좋아하는 재료를 곡물 위에 얹으면 되니 누구라도 쉽게 만들 수 있습니다.

tip. 포케는 1인분 분량으로 표기했습니다.

밥 고르기

포케의 주 재료는 밥이 아닙니다. 따라서 백미, 현미와 같은 곡류 대신 소면, 메밀면 같은 면류를 넣어도 됩니다. 탄수화물을 생략하고 싶다면 잎채소의 양을 늘려주세요.

포케 고르기

보통 포케는 생 참치, 생 연어를 많이 넣어 먹습니다. 하지만 꼭 회가 아니어도 됩니다. 단백질이 풍부한 새우, 두부를 구워 넣어도 좋습니다.

채소, 소스 고르기

채소와 소스는 포케의 맛과 영양을 결정하는 중요한 바탕이 됩니다. 채소는 3종 이상을 사용하는데요, 씻어서 바로 넣어도 되고 양념에 무쳐 넣어도 좋습니다. 소스도 마요네즈를 베이스로 만든 소스, 간장을 베이스로 만든 소스, 핫소스를 베이스로 만든 소스 등 입맛에 따라 선택하면 됩니다.

Marinated Tofu Poke Bowl

두부마리네이드포케

두부마리네이드를 활용해 손쉽게 완성할 수 있는 포케입니다. 양념한 두부를 미리 냉동 보관하면, 필요할 때마다 빠르게 구워 한 그릇 요리를 즐길 수 있어요. 이 포케는 한식 채소를 중심으로 구성했으며, 입맛에 따라 오리엔탈 소스로 대체해도 잘 어울립니다.

ingredient

두부마리네이드(147쪽) 150g
깻잎 8장
쑥갓 3줄기
적양파 1/8개
실파 1/2대
잡곡밥 1/2공기
올리브오일 약간
김가루 약간

소스

비건두부마요네즈(51쪽) 3큰술
와사비 1/4작은술
레몬즙 1/2작은술

Prep. 냉동 보관한 두부마리네이드는 전날 냉장실로 옮겨 해동한다.

1 깻잎은 꼭지를 자르고 한 장 한 장 겹쳐서 돌돌 만 뒤 송송 썬다. 쑥갓은 잎만 떼어내고 한입 크기로 썬다. 적양파는 얇게 채썬 뒤 찬물에 10분간 담갔다가 물기를 뺀다. 실파는 송송 썬다.

2 달군 팬에 올리브오일을 두른 뒤 해동한 두부마리네이드를 넣고 굴려가며 노릇노릇하게 굽는다.

3 볼에 모든 소스 재료를 넣고 잘 섞는다.

4 그릇에 잡곡밥, 송송 썬 깻잎과 실파, 한입 크기로 썬 쑥갓 잎, 채 썬 적양파, 구운 두부마리네이드, 김가루를 담고 소스를 곁들인다.

memo

참고사항

- 쑥갓 줄기는 따로 소금으로 간한 뒤 올리브오일에 볶아 잡곡밥에 올려 먹어도 좋습니다.

영양지식

칼슘은 뼈와 치아를 튼튼하게 하고, 신경근 흥분과 근육 움직임에 관여하는 만큼 우리 몸에 매우 중요한 영양소지요. 특히 50세 이후에는 칼슘 흡수가 감소하므로 보통 때보다 필요로 하는 양이 50% 이상 증가합니다. 한국의 대표 향신채인 깻잎과 쑥갓은 모두 칼슘이 풍부해요. 두부도 대표적인 칼슘 급원 식품인 만큼 든든한 포케로 뼈 건강을 챙겨보는 건 어떨까요?

Rainbow Veggie Poke Bowl

무지개채소포케

다채로운 색감의 채소가 담긴 이 메뉴는 다양한 식물 영양소를 한데 모은 건강한 한 끼 식사입니다. 매콤한 스리라차 소스는 칼로리가 낮아 다이어트 중에도 부담 없이 즐길 수 있고, 맛의 변화를 더해 지루함을 덜어줘요. 원하는 채소를 자유롭게 조합해 나만의 특별한 맛을 만들어보세요.

ingredient

케일 3장
오이 1/2개
빨강 파프리카 1/3개
노랑 파프리카 1/3개
적양배추 50g
캐슈너트 30g
잡곡밥 1/2공기

소스
비건두부마요네즈(51쪽) 3큰술
스리라차 소스 1작은술

memo

1 케일은 줄기를 자르고 한 장 한 장 겹쳐서 돌돌 만 뒤 얇게 채썬다. 오이, 파프리카는 심과 씨를 제거하고 길게 채썬다. 적양배추는 얇게 채썬다. 캐슈너트는 적당히 다진다.

2 볼에 모든 소스 재료를 넣고 잘 섞는다.

3 그릇에 잡곡밥, 채썬 케일과 적양배추, 길게 채썬 오이와 파프리카를 담고 다진 캐슈너트를 뿌린 뒤 소스를 곁들인다.

영양지식

'파이토케미컬'은 여러 식물성 식품에 미량 존재하는 식물 영양소로 체내에서는 만들어지지 않아 음식을 통해 섭취해야 합니다. 무지갯빛 다양한 색깔 속 파이토케미컬 성분과 효능을 알아볼게요. 먼저 빨강의 라이코펜은 활성산소 제거에 효과적이고, 주황과 노랑의 베타카로틴은 눈 건강과 면역력 향상에 탁월합니다. 초록의 클로로필은 간세포 재생, 보라와 검정의 안토시아닌은 노화 방지에 도움이 되지요. 매일 한 그릇의 무지갯빛 식사로 건강을 챙겨보세요.

Chickpea Poke Bowl

병아리콩포케

잘 삶은 병아리콩은 밤처럼 부드럽고 풋내가 적어 먹기 좋은 콩 중 하나예요. 콩을 불리고 삶는 게 불편하다면 시중에 판매하는 통조림 병아리콩으로 대체하세요. 언제든지 간편하게 활용할 수 있답니다. 단, 통조림에는 첨가물이 들어 있을 수 있으니 성분표를 확인해야 합니다.

ingredient

통조림 병아리콩 1/2캔
풋콩 1/2컵
아보카도 1/2개
풋고추 1개
래디시 2개
흑미밥 1/2공기
올리브오일 약간
간장 1/4작은술
맛술 1/4작은술
소금 약간
후추 약간

소스

간장 2큰술
현미식초 1작은술
참기름 1작은술
설탕 1작은술
간 생강 1/4작은술

memo

1 통조림 병아리콩은 흐르는 물에 씻은 뒤 물기를 뺀다. 풋콩은 껍질을 까서 포장지에 있는 조리법에 따라 삶은 뒤 물기를 뺀다. 아보카도는 반으로 자른 뒤 과육만 빼내 얇게 썬다. 풋고추는 송송 썬다. 래디시는 잎은 떼고 껍질째 얇게 저민다.

2 달군 팬에 올리브오일을 두른 뒤 병아리콩을 넣고 바삭바삭해질 때까지 볶는다.

3 간장, 맛술, 소금, 후추로 간하고 3분간 더 볶은 뒤 불을 끈다.

4 볼에 소스 재료를 넣고 설탕이 녹을 때까지 잘 젓는다.

5 그릇에 흑미밥, 볶은 병아리콩, 삶은 풋콩, 얇게 썬 아보카도, 송송 썬 풋고추, 얇게 저민 래디시를 담고 소스를 곁들인다.

영양 지식

콩은 이소플라본, 에쿠올과 대두단백질 등이 풍부해 여성 건강에 도움이 된다고 알려져 있습니다. 이소플라본은 유방암뿐 아니라 전립선암, 대장암 예방은 물론 심혈관질환, 골다공증, 완경 시 동반되는 질환 예방에도 효과적입니다. '에쿠올'은 에스트로겐과 같은 기능으로 알려져 완경 후 다양한 만성 질환을 예방해줍니다. 다양한 콩을 포케 형태로 맛있게 섭취해보세요.

Taco Salad Bowl

타코샐러드볼

타코는 만들기 복잡해 보이지만, 재료만 있으면 5분 만에 완성할 수 있는 간편한 메뉴예요. 밀프렙으로 만들어 냉장고에 보관하면 필요할 때 꺼내서 바로 먹을 수 있어요. 라구소스를 만들 때 첨가물이 없는 토마토 페이스트를 활용해도 좋지만 그러면 익숙하지 않은 맛의 토마토 소스가 만들어질 수 있어요. 토마토 파스타를 먹을 때 느꼈던 맛을 구현하고 싶다면 시판용 파스타 소스를 활용하세요.

---

ingredient

방울토마토 4개
양상추 4장
옥수수살사(169쪽) 3큰술
과카몰리(57쪽) 2큰술
통밀 토르티야 칩 적당량
올리브오일 약간

소스

통조림 렌틸콩 1/2캔
당근 1/3개
양파 1/4개
토마토 파스타 소스 1/2병
건 오레가노 1/2작은술
레드와인식초 1작은술

토핑

고수 잎 약간

memo

1. 방울토마토는 먹기 좋게 썬다. 양상추는 한입 크기로 찢는다. 통조림 렌틸콩은 흐르는 물에 씻은 뒤 물기를 뺀다. 당근과 양파는 껍질을 벗기고 곱게 다진다.
2. 달군 팬에 올리브오일을 두른 뒤 곱게 다진 양파를 넣고 3분간 볶는다.
3. 곱게 다진 당근을 넣고 3분간 더 볶는다.
4. 통조림 렌틸콩을 넣고 5분간 더 볶는다.
5. 나머지 소스 재료를 넣고 10분간 뭉근하게 졸인다.
6. 그릇에 양상추를 깔고 소스 4큰술, 옥수수살사, 과카몰리, 먹기 좋게 썬 방울토마토, 통밀 토르티야 칩을 담은 뒤 토핑을 올린다.

영양 지식

멕시코 대표 음식인 타코는 영양 밸런스가 좋은 메뉴랍니다. 타코의 재료인 옥수수와 다양한 채소에는 비타민과 미네랄, 식이섬유가 가득 들어 있어 면역력 강화와 장 건강에 도움을 주지요. 렌틸콩을 넣은 라구소스 대신 닭구이, 돼지고기소보로, 두부마리네이드 등으로 단백질을 보충해도 좋아요. 단, 고기를 튀기지 말고 굽거나 찌는 조리 방법을 선택해주세요.

Perilla Oil Buckwheat Noodle Salad Bowl

○

들기름메밀면샐러드볼

평소 밀가루, 면을 좋아하는 분이라면 채소·과일식을 하다가도 가끔 면 요리가 생각날 거예요. 멀리해야 하는 건 알지만 면이 자꾸 생각날 때는 좋아하는 채소를 샐러드처럼 골라 담고 양념한 면을 살짝 얹어보세요. 건강하면서 만족스러운 한 끼를 즐길 수 있을 거예요. 먹고 싶은 음식은 무조건 참기보다 적당히 허용하는 것이 폭식을 막고 채소·과일식을 오래 유지할 수 있는 비결이에요.

---

ingredient

청경채 2개
아스파라거스 8개
비타민(채소) 50g
풋콩 1/4컵
메밀면 150g

소스

들기름 3큰술
간장 2큰술
맛술 1/2큰술
설탕 1작은술
식초 1/2작은술

토핑

참깨 약간

memo

○

1 청경채는 길게 4등분한다. 아스파라거스는 껍질을 벗기고 밑동을 5cm 정도 자른 뒤 한입 크기로 썬다. 비타민은 잎을 한 장씩 떼어 흐르는 물에 씻은 뒤 물기를 뺀다. 풋콩은 껍질을 벗기고 알만 빼낸다.

2 끓는 물에 메밀면을 넣고 포장지에 적힌 조리법에 따라 삶는다. 불을 끄기 전에 4등분한 청경채, 한입 크기로 썬 아스파라거스, 풋콩을 넣고 1분간 데친 뒤 찬물에 헹구고 물기를 뺀다.

3 볼에 모든 소스 재료를 넣고 설탕이 녹을 때까지 잘 젓는다.

4 소스에 삶은 메밀면을 넣고 골고루 버무린다.

5 그릇에 메밀면, 데친 청경채와 아스파라거스, 풋콩을 담고 물기 뺀 비타민을 한 쪽에 놓는다. 메밀면 위에 토핑을 올린다.

영양 지식

메밀은 단백질이 13%로 높고 다양한 필수아미노산을 함유해 영양학적으로 우수한 곡물이에요. 칼륨과 마그네슘, 인, 철분 등의 무기질 함량이 풍부해 면 하나만 바꿔도 건강한 면 요리를 즐길 수 있지요. 특히 메밀의 루틴 성분은 혈관을 강화시키고 혈당 조절, 변비 예방에 도움이 됩니다. 또한 케세르틴 성분이 항산화, 항균의 효과로 면역 증진에도 좋습니다.

Part 2. Everyday Meal

가지피클 ○ 익힌비트피클 ○ 채소피클 ○ 당근라페 ○ 두부마리네이드(3종) ○ 방울토마토마리네이드 ○ 고구마레몬조림 ○ 구운대파절임 ○ 무유자절임 ○ 아보카도절임 ○ 궁채장아찌 ○ 콩나물장아찌 ○ 렌틸콩미트볼 ○ 퀴노아미트볼 ○ 망고살사 ○ 옥수수살사 ○ 파인애플살사

반찬처럼 곁들여 먹는 보존식

Pickle

서양에서는 대량의 채소를 손질하고 조리하여 주중에 먹을 수 있도록 샐러드, 파스타, 샌드위치 등을 소분한 것을 '밀프렙'이라고 합니다. 우리는 반찬이란 개념이 있어서 굳이 밀프렙이 필요하지 않았지만, 건강 도시락 열풍이 불면서 밀프렙이 유행하고 있습니다. 여기에서는 밀프렙처럼 한 끼 식사에 곁들여 먹을 수 있는 피클, 절임, 조림 등의 간소한 사이드 메뉴를 알려드릴게요.

tip. 보존식은 조리하기 쉬운 분량으로 표기했습니다.

· 숙성될수록 맛있는 레시피 ·

냉장고에서 숙성될수록 맛있는 메뉴가 있고, 바로 만들어서 먹어야 맛있는 메뉴가 있습니다. 보통 익힌 콩, 구운 채소, 견과류, 씨앗 등은 레시피에 따라 질감과 맛이 달라지므로 먹어보면서 나만의 보존식 리스트를 만들어보길 바랍니다.

· 소분하여 보관 ·

밥을 소분하여 냉동 보관하듯이 반찬도 한 번 먹을 만큼 소분하여 보관하는 게 가장 좋습니다. 밀프렙이 습관화된다면 냉동 및 냉장 보관에 용이한 전용 용기를 많이 구비하는 걸 추천합니다.

· 다채로운 질감과 영양을 가진 보존식 준비 ·

지속 가능한 식단을 유지하는 데 필요한 것은 '질리지 않는 것'입니다. 따라서 색상, 맛, 질감 등 다양한 채소와 단백질 식재료로 보존식을 만들어보세요. 간혹 메뉴에 따라서 반찬처럼 먹던 것을 샌드위치, 햄버거에 들어가는 속 재료로도 활용할 수 있으니 한 가지 방법에 구애받지 말고 다양하게 활용해보세요.

Eggplant Pickle

○

가지피클

튀긴 가지는 '세상에! 이렇게 맛있을 수 있나' 싶을 정도로 매력적인 메뉴예요. 하지만 가지 특성상 기름을 잘 흡수하기 때문에 기름을 덜 흡수할 수 있도록 적정 온도에서 튀겨야 합니다. 잘 튀긴 가지는 기름기를 제거하고 새콤짭짤한 피클로 만들어보세요. 입맛을 돋우는 데 제격입니다. 양파나 다른 채소를 함께 튀겨 피클로 만들면 더욱 풍성한 맛을 즐길 수 있어요.

---

ingredient

가지(대) 2개
튀김용 기름 적당량

절임액

다시마 1장
생강 1/2톨
물 1컵
간장 1/3컵
현미식초 1/3컵
설탕 1/4컵
페페론치노 1개

1. 가지는 양쪽 꼭지를 자르고 세로로 4등분한 뒤 껍질에 0.5cm 간격으로 자잘하게 칼집을 낸다. 생강은 껍질을 벗기고 얇게 저민다.
2. 냄비에 가지가 잠길 정도로 튀김용 기름을 넣고 175℃가 될 때까지 가열한다.
3. 가열한 기름에 칼집 낸 가지를 넣고 뒤집어가면서 5분간 튀긴다.
4. 튀긴 가지를 건져내고 종이타월에 올려 기름기를 뺀다.
5. 냄비에 모든 절임액 재료를 넣고 설탕이 녹을 때까지 잘 저으며 한소끔 끓인 뒤 불을 끄고 한 김 식힌다.
6. 밀폐용기에 튀긴 가지를 담고 끓인 절임액을 부은 뒤 30분간 그대로 둔다. 절임액이 식으면 냉장고에 보관한다.

memo

○

참고 사항

○ 가지가 작다면 4개 분량으로 준비하고, 세로로 2등분하세요.

영양 지식

가지 껍질에 함유된 나수닌은 강력한 항산화 물질로 뇌와 신경 건강에 도움을 주고 세포막 손상을 예방하는 역할을 합니다. 특히 다른 안토시아닌 중에서도 활성산소를 제거하는 기능이 강력한데, 가지에는 그 양이 토마토의 약 3배, 브로콜리에 비해 약 2배 정도가 높습니다. 한 연구에서는 인지장애 및 알츠하이머 등의 위험도 낮춰줄 수 있다고 하니 다양한 조리법으로 식탁에 올려보아요.

Cooked Beet Pickle

○

익힌비트피클

비트피클이라고 하면 모두 아삭아삭한 식감과 새콤한 맛을 떠올려요. 하지만 이렇게 먹으면 재미없겠죠? 여기에서는 색다르게 비트를 푹 익혀서 말랑말랑한 식감을 가진 피클로 만들어볼게요. 호주에서는 둥글게 저민 비트 피클을 버거에 넣어 먹기도 한다고 해요. 색다른 매력을 느낄 수 있으니 꼭 한 번 만들어보세요.

---

ingredient

비트 2개

절임액
백식초 2컵
설탕 1컵
소금 1작은술
피클링 스파이스 1큰술

1 비트는 깨끗이 씻은 뒤 껍질은 그대로 두고 뿌리만 제거한다.

2 냄비에 비트가 잠길 만큼 물을 붓고 한소끔 끓인다. 물이 끓으면 비트를 넣고 푹 익을 때까지 40분간 끓인다.

3 익힌 비트는 껍질을 벗기고 한입 크기로 썬다. 취향에 따라 1cm 두께로 썰어도 된다.

4 냄비에 비트 삶은 물 1컵, 모든 절임액 재료를 넣고 설탕, 소금이 녹을 때까지 잘 저으며 한소끔 끓인다.

5 밀폐용기에 익힌 비트를 넣고 끓인 절임액을 부은 뒤 30분간 그대로 둔다. 절임액이 식으면 냉장고에 보관한다.

memo

○

영양 지식

피클은 원래 채소를 먹기 힘든 계절에 채소 섭취를 위해 소금에 절여 발효시켜 먹던 젖산발효식품이지요. 소금에 절여 발효를 하지 않더라도 식초로 만든 피클 또한 채소 섭취가 어려운 분들에게는 좋은 대체재가 됩니다. 비트피클은 비트의 영양소는 온전히 살릴 수 있고, 새콤달콤한 맛 덕분에 드레싱 없이 샐러드나 김밥에 넣어 먹을 수 있으니 건강적인 면에서 부담은 덜해져요. 보관은 물론 맛도 좋아 더욱 건강하고 간편하게 먹을 수 있으니 다양한 피클을 활용해보세요.

Shaved Vegetable Pickle

채소피클

곱게 채썰거나 얇게 저민 채소를 면 대신 활용하는 건강한 식습관은 이미 트렌드로 자리 잡혔지요. 이번에는 얇게 저민 채소를 피클로 만들어 보는 건 어떨까요? 부드러운 절인 애호박, 오이, 당근은 치즈나 닭가슴살에 돌돌 말아 카나페로 즐기거나 샌드위치 속 재료로 활용하면 딱이에요.

---

ingredient

애호박 1개
당근 1개
소금 1큰술

절임액
물 1컵
백식초 1/2컵
설탕 1컵
소금 1작은술
피클링 스파이스 1큰술

1 애호박과 당근은 슬라이서로 얇고 길게 썬다.

2 길게 썬 애호박과 당근에 소금을 앞뒤로 뿌리고 10분간 절인다.

3 소금에 절인 애호박과 당근이 낭창낭창해지면 찬물에 헹구고 물기를 뺀다.

4 냄비에 모든 절임액 재료를 넣고 설탕, 소금이 녹을 때까지 잘 저으며 한소끔 끓인다.

5 밀폐용기에 절인 애호박과 당근을 담고 끓인 절임액을 붓는다. 절임액이 식으면 하루 동안 냉장고에 넣어 숙성시킨다.

memo

영양 지식

애호박은 망간과 카로틴, 비타민의 탁월한 공급원입니다. 이중 망간은 염증을 유발하는 활성산소를 억제하는 역할을 하며, 면역력을 높이고 생체막 조직의 기능을 조절해줍니다. 애호박 속 카로틴 성분은 항암 성분으로도 잘 알려져 있지요. 얇고 길게 썬 애호박과 당근을 채소 국수처럼 볶으면 건강한 면 대체재로 활용할 수 있으니 다양한 형태로 섭취해보아요.

Carrot Rapée

○

당근라페

당근라페를 만들 때는 '당근 김장한다'라고 말할 정도로 한 번에 많은 양을 만들어요. 그만큼 여러 요리에 활용하기 좋은 건강식으로 알려져 있어 많은 사람이 즐겨 먹고 있지요. 신선한 맛을 내고 싶다면 소스에 화이트와인식초나 레몬즙을 추가하세요. 당근라페는 냉장고에 넣어 두고 샌드위치나 샐러드, 비빔밥, 생선 요리를 먹을 때 사이드 메뉴로 곁들여보세요.

---

ingredient

당근 2개
마늘 2쪽
건포도 2큰술
다진 파슬리 1큰술

소스
설탕 1/2큰술
소금 1작은술
올리브오일 4큰술
백식초 3큰술
후추 약간

1 당근은 채칼로 얇게 채썬다. 마늘은 곱게 다진다.

2 볼에 곱게 다진 마늘, 모든 소스 재료를 넣고 설탕, 소금이 녹을 때까지 잘 젓는다.

3 소스에 채썬 당근을 넣고 잘 버무린다. 입맛에 따라 소금, 후추를 추가한다.

4 건포도, 다진 파슬리를 넣고 살짝 더 버무린다.

memo

○

참고 사항

○ 건포도는 당도가 높으니 염려가 되는 분은 토핑을 빼고 만들어주세요. 건포도를 선택할 때는 표면에 설탕을 입히지 않은 것으로 고르세요.

영양 지식

당근은 참 익숙한 식재료이지만 생각보다 샐러드처럼 챙겨 먹기 쉽지 않아요. 당근에는 비타민A와 베타카로틴이 풍부해 특히 눈 건강에 탁월합니다. 눈의 망막을 보호하고 시력을 유지해 실제로 야맹증이나 안구건조증 등의 환자에게 비타민A 결핍증이 많기도 해요. 또한 활성산소를 제거해 세포 노화를 방지해 피부 건강에도 탁월하지요. 당근, 일상에서 매일 당근라페를 챙겨 먹어보세요.

3 Types Marinade Tofu

두부마리네이드(3종)

두부는 양질의 식물성 단백질을 제공하는 훌륭한 재료예요. 하지만 밍밍한 맛 때문에 두부를 꺼리는 사람도 있죠. 두부는 빈 캔버스처럼 다양한 양념을 흡수하는 장점이 있으니, 이를 활용해 두부 마리네이드를 만들어보세요. 포케, 샐러드, 비빔밥 토핑으로 좋고 냉동 보관도 가능해 언제든 활용할 수 있어요.

ingredient

두부 3모
올리브오일 약간

간장 소스(1모 분량)
올리브오일 1큰술
간장 4큰술
간 생강 1/2큰술
다진 마늘 1/2큰술
꿀 2큰술
맛술 1큰술
현미식초 1큰술

매콤 소스(1모 분량)
고추장 2큰술
간장 1큰술
현미식초 1큰술
꿀 1큰술
참기름 1작은술
맛술 1큰술

새콤달콤 소스(1모 분량)
올리브오일 2큰술
라임즙 2큰술
꿀 1큰술
다진 마늘 1작은술
레드 페퍼 플레이크 1/2작은술
소금 약간

1 두부는 면포로 싼 뒤 누름돌을 올려 두부의 물기를 뺀다. 물기 뺀 두부는 사방 3cm 크기로 깍둑썬다.

2 각각의 볼에 각각의 소스 재료를 넣고 잘 섞는다

3 각각의 소스에 깍둑썬 두부를 넣고 골고루 버무린다.

4 각각의 밀폐용기에 소스에 버무린 두부를 담고 냉장고에 넣은 뒤 30분 이상 숙성시킨다.

5 달군 팬에 올리브오일을 두른 뒤 숙성시킨 두부를 넣고 노릇노릇 해질 때까지 굴려가며 굽는다.

영양 지식

콩은 단백질, 섬유질, 이소플라본이 풍부하여 심혈관질환 예방에 큰 효과가 있다고 알려져 있지요. 특히 두부는 콩에 비해 소화 흡수율이 높아 소화력은 떨어지는데 심혈관질환 발생률은 높아지는 중장년층에게 추천합니다. 소화력이 많이 떨어진다면 일반 두부보다 단백질과 섬유질 함량은 낮지만 소화가 잘 되는 순두부를 선택해보세요. 마리네이드를 하면 보관성이 좋아 언제든 단백질 보충이 필요할 때 활용하기 좋아요.

Marinated Cherry Tomatoes

방울토마토마리네이드

마리네이드는 식재료를 양념에 절이는 과정을 뜻해요. 조리법이 간단해서 한두 번 만들어보면 계량을 하지 않고도 만들 수 있어요. 껍질 벗긴 방울토마토에 허브, 마늘, 레몬을 더하고 올리브오일에 절여 먹거나 적양파를 넣어 아삭한 식감을 더해 먹어도 좋아요. 방울토마토마리네이드는 모양이 예뻐서 손님상에 내놓으면 좋아요.

ingredient

방울토마토 200g
적양파 1/8개
마늘 1쪽
레몬 1/2개
바질 1줄기
올리브오일 50ml
레드와인식초 1/2큰술
소금 약간
후추 약간

Prep. 방울토마토는 꼭지를 제거하고 표면에 살짝 칼집을 낸다. 적양파와 마늘은 곱게 다진다. 레몬은 2장만 얇게 썬 뒤 은행잎 모양으로 썬다. 남은 레몬으로 레몬즙을 짠다. 바질은 잎만 떼어내고 굵게 다진다.

1. 냄비에 물을 붓고 한소끔 끓인다. 물이 끓으면 칼집 낸 방울토마토를 넣고 10초간 데친 뒤 얼음물에 담가 식히고 껍질을 벗긴다.
2. 볼에 껍질 벗긴 방울토마토, 곱게 다진 적양파와 마늘, 은행잎 모양으로 썬 레몬, 레몬즙, 올리브오일, 레드와인식초를 넣고 소금, 후추로 간한 뒤 살짝 버무린다.
3. 굵게 다진 바질 잎을 넣고 살짝 더 버무린다.
4. 밀폐용기에 방울토마토마리네이드를 담고 실온에서 30분 이상 숙성킨 뒤 냉장고에 보관한다.

memo

영양 지식

휴대성이 좋아 체중 조절이나 혈당 관리가 필요한 사람들의 간식으로 사랑받는 방울토마토. 100g에 열량이 25kcal에 불과해 식전에 먹으면 식사량 조절에 큰 도움이 되요. 생으로 먹기 힘든 분들은 새콤달콤한 마리네이드로 맛있게 먹을 수 있어요. 방울토마토에 기름을 넣어 조리하면 영양소 흡수율과 활성도가 증가합니다. 특히 불포화지방산이 많은 올리브오일과 잘 어울리니 참고해주세요.

Lemon Sweet Potato Confi

○

고구마레몬조림

고구마의 부드럽고 달콤한 질감이 상큼한 레몬과 어우러져 기분 좋게 즐길 수 있는 조림이에요. 얇게 썬 레몬은 오래 두면 쓴맛이 배어나오니 냉장고에 보관하기 전에 빼는 게 좋아요. 고구마는 뭉개지지 않고 칼로 찌르면 부드럽게 들어갈 정도로 익히는 것이 포인트예요.

---

ingredient

고구마 1개
레몬 1/2개
설탕 2큰술
물 2컵
소금 약간

토핑
레몬 제스트 약간

1 고구마는 깨끗하게 씻은 뒤 껍질째 2cm 두께로 썬다. 레몬은 2장만 얇게 썬 뒤 반달썰기한다. 남은 레몬으로 껍질을 갈아 제스트를 만든 뒤 레몬즙을 짠다.

2 냄비에 물을 붓고 껍질째 썬 고구마, 반달썰기한 레몬, 레몬즙, 설탕을 넣은 뒤 소금으로 간한다.

3 껍질째 썬 고구마가 뭉개지지 않도록 중불에서 15분간 끓인다.

4 그릇에 고구마레몬조림을 담고 토핑을 올린다.

memo

○

참고 사항

○ 여분의 레몬은 껍질을 갈아 제스트를 만든 뒤 먹기 전에 고구마 조림에 뿌려서 먹어도 좋아요.

영양 지식

고구마는 식이섬유가 풍부한 뿌리채소입니다. 생 고구마를 잘랐을 때 나오는 하얀 액체인 세라핀 성분은 장 청소를 돕는 효능이 있어 장 건강에 효과적입니다. 만성 변비나 소화불량 환자에게 좋은 알칼리성 식품이니 건강 간식으로 고구마를 활용해보세요. 굽고 찌는 것 이외에 조리법이 무궁무진하나 혈당에 문제가 있다면 굽는 조리법과 그 양을 제한해 먹어야 합니다.

Grilled Leek Pickle

○

구운대파절임

천천히 구운 대파는 달콤한 즙이 가득한 별미가 됩니다. 노릇노릇하게 색이 나도록 굴려가며 구운 뒤 새콤짭짤한 절임액에 담가 숙성시키면 입맛을 돋우는 보존식이 완성돼요. 대파의 녹색 잎 부분은 진액이 많아 아삭한 피클 특유의 식감을 낼 수 없으니 대파의 흰 부분으로만 만들어주세요.

---

ingredient

대파 3대
올리브오일 약간

절임액

다시마 1장
간장 2큰술
현미식초 2큰술
맛술 1큰술
설탕 1큰술
물 100ml

토핑

참깨 약간

1. 대파는 흰 부분만 5cm 길이로 썬다.
2. 냄비에 모든 절임액 재료를 넣고 설탕이 녹을 때까지 잘 저으며 한소끔 끓인 뒤 불을 끄고 한 김 식힌다.
3. 달군 팬에 올리브오일을 두른 뒤 5cm 길이로 썬 대파의 흰 부분을 넣고 겉이 노릇노릇해질때까지 돌려가며 굽는다.
4. 밀폐용기에 구운 대파를 담은 뒤 절임액을 붓고 실온에서 30분 이상 숙성시킨다.
5. 그릇에 구운대파절임을 담고 토핑을 올린다.

memo

○

영양 지식

대파 속 황화알린 성분은 혈액을 맑게 해주고 혈중 콜레스테롤 수치를 낮추며 혈전을 제거해 혈관 건강에 큰 도움이 됩니다. 또한 만난이라는 성분이 위벽을 보호하며 소화를 촉진시켜 고기 요리 등과 함께 곁들여도 좋아요. 대파의 좋은 효능을 밥 반찬으로 자주 느껴보길 바랍니다.

Yuza Korea Radish Pickle

○

무유자절임

유자는 제철인 11월에는 누구보다도 향긋한 매력을 발산해요. 제철이 아닐 때는 유자청으로 무유자절임을 만드는 편인데요, 11월에는 꼭 생 유자로 절임 반찬을 만들어보세요. 자연이 주는 싱그러움을 그대로 느낄 수 있을 거예요.

---

ingredient

무 200g

절임액
유자 1/4개
식초 1큰술
설탕 1큰술
소금 1작은술

1 무는 껍질을 벗기고 4x2cm 크기의 직사각형 모양으로 토막낸 뒤 얇게 저민다. 유자는 즙을 짠다.

2 볼에 유자즙을 포함한 모든 절임액을 넣고 설탕, 소금이 녹을 때까지 잘 젓는다.

3 절임액에 얇게 저민 무를 넣고 버무린다.

4 밀폐용기에 무유자절임을 담고 실온에서 1시간 이상 숙성시킨다.

memo

○

영양 지식

주로 차로 즐기는 유자는 비타민C, 구연산, 리모넨 등이 풍부한 열매입니다. 유자에 들어 있는 구연산은 피로 회복에 도움이 되며, 리모넨 성분은 목의 염증과 기침 완화에 도움을 줘 감기 예방이나 감기 증상을 완화시키는 데 존재감을 제대로 발휘할 거예요. 유자청에는 다량의 당류가 들어 있으니 유자를 구할 수 있다면 신선한 즙을 활용해보세요. 단맛은 덜하고 향기는 배로 느낄 수 있습니다.

Marinated Avocado

○

아보카도절임

달걀을 간장 절임액에 절인 달걀장을 만들어본 적이 있나요? 잘 익은 아보카도도 달걀장처럼 간장 절임액에 절이면 또 하나의 맛있는 보존식이 돼요. 덜 익어 딱딱한 아보카도는 과육에 간이 잘 배지 않고, 너무 익으면 형태가 뭉개지니 적당히 부드러울 때 만드는 게 좋아요.

---

ingredient

아보카도 2개
양파 1/4개
마늘 2쪽
홍고추 1개
실파 1대

절임액
간장 1/2컵
물 1/2컵
설탕 2큰술
현미식초 2큰술
참깨 1작은술

1 아보카도는 반으로 자르고 과육만 빼낸 뒤 한입 크기로 썬다. 양파와 마늘은 곱게 다진다. 홍고추는 송송 썬다. 실파도 송송 썬다.

2 냄비에 모든 절임액 재료를 넣고 설탕이 녹을 때까지 잘 저으며 한소끔 끓인 뒤 불을 끄고 한 김 식힌다.

3 밀폐용기에 한입 크기로 썬 아보카도, 곱게 다진 양파와 마늘, 송송 썬 고추와 실파를 넣고 끓인 절임액을 부은 뒤 실온에서 30분 이상 숙성시킨다.

memo

○

참고 사항

○ 홍고추의 씨를 제거하면 적당히 매운맛과 깔끔한 국물을 즐길 수 있습니다.

영양 지식

혈관에 좋은 불포화지방산이 20%나 들어 있고, 항산화 영양소가 풍부해 높은 영양밀도를 지닌 아보카도는 오랫동안 보관하는 게 쉽지 않다는 점이 단점이지요. 절임으로 활용하면 보관성을 높일 수 있고, 식사량을 조절할 때도 도움을 받을 수 있습니다. 아보카도 속 올레산은 식욕을 조절해주고, 풍부한 식이섬유로 포만감이 오래 가며 다양한 비타민과 미네랄은 신진대사를 촉진시켜 줍니다.

Celtuce Pickle

궁채장아찌

궁채는 '줄기상추'라고도 불리는 길쭉한 채소로 오돌오돌한 식감이 특징이에요. 볶음, 나물, 무침 등 다양한 요리에 활용할 수 있고, 찜의 부재료로도 잘 어울려요. 장아찌로 만들면 특유의 식감을 그대로 살려 입맛을 돋우는 별미로 즐길 수 있습니다.

---

ingredient

불린 궁채 200g
소금 약간

절임액
물 150ml
간장 150ml
설탕 120g
식초 100ml
다시마 1장

1. 불린 궁채는 흐르는 물에 씻은 뒤 물기를 빼고 한입 크기로 썬다. 냄비에 물, 소금을 넣고 끓인다. 물이 끓으면 한입 크기로 썬 궁채를 넣고 30초간 데친 뒤 찬물에 헹구고 물기를 뺀다.
2. 냄비에 모든 절임액 재료를 넣고 설탕이 녹을 때까지 잘 저으며 한소끔 끓인다. 절임액이 끓으면 불을 끄고 다시마를 뺀 뒤 한 김 식힌다.
3. 밀폐용기에 데친 궁채를 담고 끓인 절임액을 부은 뒤 실온에서 하루 숙성시킨다.

참고 사항

- 홍고추 1개를 심과 씨를 제거한 뒤 송송 썰어 궁채와 절임액에 함께 넣으면 맛과 식감이 다채로워집니다.
- 숙성된 궁채장아찌는 냉장고에 넣고 2주일 이내로 먹길 바랍니다.

영양 지식

상추 계열이나 줄기를 주로 사용해 '산상추'라는 별명의 궁채는 칼륨이 많이 들어 있어 혈압을 정상적으로 유지하고 세포와 신경, 근육의 정상 기능을 유지시키는 데 도움을 줍니다. 잎상추에 비해 비타민C가 2배나 많으며 철분도 다량 함유하여 빈혈 예방에도 좋습니다.

memo

Bean Sprouts Pickle

콩나물장아찌

콩나물의 아삭한 질감이 살아 있는 콩나물장아찌는 매력적인 보존식이에요. 구운 고기와 잘 어울리며 양상추 쌈이나 미역 줄기 같은 해조류와 함께 먹어도 훌륭한 맛을 즐길 수 있어요. 머리와 꼬리를 떼지 않고 만들 수 있으니 깨끗이 씻어 간단히 만들어보세요.

ingredient

콩나물 300g
홍고추 1개
참깨 약간
소금 약간

절임액
간장 100ml
설탕 2큰술
맛술 2큰술
식초 50ml
다시마 1장

1 콩나물은 흐르는 물에 깨끗이 씻는다. 홍고추는 송송 썬다.

2 냄비에 물, 소금을 넣고 끓인다. 물이 끓으면 콩나물을 넣고 3분간 데친 뒤 찬물에 헹구고 물기를 뺀다.

3 냄비에 콩나물 삶은 물 1컵, 모든 절임액 재료를 넣고 설탕이 녹을 때까지 잘 저으며 한소끔 끓인다.

4 밀폐용기에 데친 콩나물, 송송 썬 홍고추를 담고 끓인 절임액을 부은 뒤 실온에서 하루 숙성시킨다.

memo

영양 지식

콩을 발아해 재배한 콩나물은 재배 과정에서 다양한 영양 성분이 생겨 영양학적으로 우수한 식재료입니다. 콩나물 머리에는 비타민B1이 풍부해 체내 에너지 대사와 면역력 강화를 돕고, 줄기 속 비타민C는 다른 채소보다 함량이 높아 천연 비타민으로도 불리웁니다. 마지막으로 뿌리 속 아스파라긴산은 숙취의 원인이 되는 아세트알데히드를 제거해 숙취 해소에 도움을 준다고 알려져 있어 콩나물 해장국은 술을 마신 다음 날 많이 찾는 음식이지요. 머리부터 끝까지 꽉찬 영양으로 건강을 챙겨보세요.

Lentil Meatballs

○

렌틸콩미트볼

녹두와 팥을 섞은 듯한 질감의 렌틸콩은 '채식 미트볼'을 만드는 데 자주 사용돼요. 하지만 고기처럼 끈끈하게 점성이 생기지 않아 반죽이 흩어질 수 있어요. 반죽이 적당히 촉촉하게 유지되도록 주의해주세요. 만약 반죽이 너무 축축해서 퍼진다면 둥글납작하게 빚어 햄버거 패티로 활용하면 되니 망칠까봐 걱정하지 마세요.

---

ingredient

통조림 렌틸콩 1/2컵
양파 1/2개
마늘 2쪽
올리브오일 1큰술
소금 약간
후추 약간

반죽
양파 1/2개
마늘 2쪽
빵가루 1/2컵
달걀 1개
간장 1큰술
레드와인식초 1큰술
이탈리아 시즈닝 1작은술
레드 페퍼 플레이크 약간
소금 약간
후추 약간

반죽 질감

1 통조림 렌틸콩은 흐르는 물에 씻은 뒤 물기를 뺀다. 양파와 마늘은 곱게 다진다.

2 달군 팬에 올리브오일 1/2큰술을 두른 뒤 곱게 다진 양파와 마늘을 넣고 소금, 후추로 간한다. 곱게 다진 양파와 마늘이 노릇해질 때까지 5분간 볶고 불을 끈다.

3 믹서에 통조림 렌틸콩, 모든 반죽 재료를 넣고 짧은 간격으로 여러 번 갈아서 반죽을 만든다. 이때 너무 곱게 갈면 미트볼 모양을 내기 쉽지 않으니 주의해야 한다.

4 달군 팬에 올리브오일 1/2큰술을 두른 뒤 반죽을 1큰술씩 떠서 미트볼 모양으로 팬에 올리고 반죽을 굴리면서 노릇하게 굽는다.

참고 사항

○ 이탈리아 시즈닝 대신 건 오레가노나 바질을 1/2작은술씩 넣어도 좋아요.

영양 지식

최근 USDA 자료에 따르면 콩류가 붉은 육류를 대체할 단백질 공급원이라며 많은 건강상의 이점을 언급했습니다. 동물성 단백질 식품을 콩류로 바꾸면 만성질환의 위험을 낮출 수 있고 콩 속 식이섬유와 다양한 미네랄이 혈관 건강과 암을 예방하는 데 도움이 되기 때문이지요. 단, 렌틸콩의 경우 퓨린이 다량 함유되어 통풍 환자는 주위를 요합니다. 무엇보다 영양소를 생각한다면 적절하게 동식물성 단백질을 고루 섭취하는 것이 좋습니다.

LES PÊCHEURS
LES
OISSONS ET FRUITS DE MER

Quinoa Meatballs

퀴노아미트볼

퀴노아는 고대 잉카제국에서부터 먹어 온 작물로 단백질 함량이 높아 건강 식품으로 인기가 많아요. 밥처럼 익혀서 포크나 젓가락으로 보송보송하게 풀면 좁쌀 같은 느낌이 들 거예요. 퀴노아 미트볼에는 고기가 들어가지 않아서 산뜻한 맛을 즐길 수 있는 것이 특징이에요.

ingredient

퀴노아 1컵
표고버섯 2개
시금치 1컵
양파 1/4개
마늘 1쪽
올리브오일 약간
물 2컵

반죽

토마토 페이스트 1큰술
달걀 1개
빵가루 1/2컵
건 오레가노 1큰술
소금 약간
후추 약간

1. 표고버섯은 기둥을 제거하고 갓은 곱게 다진다. 시금치는 뿌리를 자르고 깨끗하게 씻는다. 양파와 마늘은 곱게 다진다.
2. 냄비에 물, 소금을 넣고 한소끔 끓인다. 물이 끓으면 시금치를 넣고 1~2분간 데친 뒤 찬물에 헹군다. 데친 시금치는 손으로 물기를 꼭 짠 뒤 곱게 다진다.
3. 냄비에 물 2컵을 붓고 한소끔 끓인다. 물이 끓으면 퀴노아를 넣고 한소끔 끓인 뒤 뚜껑을 닫고 약불에서 10분간 더 끓인다. 불을 끄고 5분간 뜸을 들인다.
4. 달군 팬에 올리브오일을 두른 뒤 곱게 다진 양파와 마늘을 넣고 5분간 볶는다.
5. 곱게 다진 표고버섯 갓을 넣고 5분간 더 볶는다.
6. 볼에 익힌 퀴노아, 곱게 다진 시금치와 마늘, 볶은 표고버섯 갓과 양파, 모든 반죽 재료를 넣고 잘 섞는다. 반죽이 너무 묽으면 빵가루를 넣어 농도를 조절한다.
7. 달군 팬에 올리브오일을 두른 뒤 반죽을 1큰술씩 떠서 미트볼 모양으로 팬에 올리고 반죽을 굴리면서 노릇하게 굽는다.

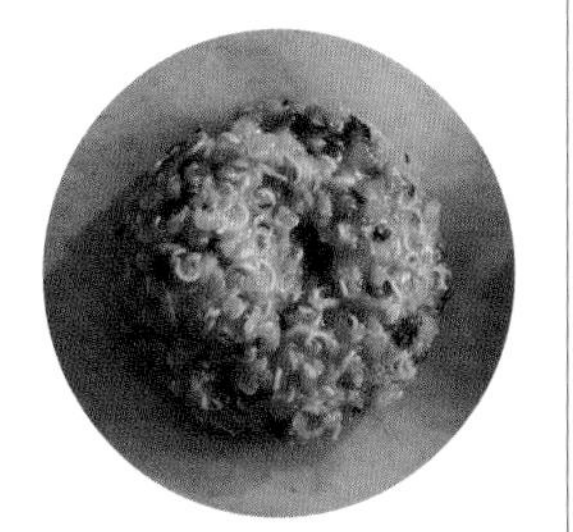

반죽 질감

영양 지식

쌀보다 작지만 '곡물의 어머니'라고 불리우는 퀴노아는 철분과 칼슘, 오메가3, 셀레늄과 라이신이 풍부해 콜레스테롤과 당수치를 낮추는 데 효과적입니다. 특히 근육 생성에 직접적인 재료가 되는 BCAAs인 류신, 발린, 아이소류신이 곡물 중에서 가장 높고 소화가 쉬워 근육 보충이 필요한 사람에게 적극 추천하는 식재료입니다. 또한 글루텐 프리 식품으로 밀가루 알레르기가 있는 분에게 훌륭한 대체제가 됩니다.

Mango Salsa

○

망고살사

멕시코에서는 달콤한 망고에 매콤한 고춧가루를 뿌리거나 덜 익은 망고에 고춧가루, 소금, 라임을 곁들여 즐기곤 해요. 망고와 고추를 섞은 음료도 인기죠. 매콤달콤한 맛을 좋아하는 점에서 우리 입맛과도 닮아 있어요. 노란 망고에 빨간 고추와 파프리카를 더해 예쁜 색감의 살사를 만들어 보세요. 잘 익은 망고를 사용하면 더 깊은 맛을 느낄 수 있어요.

---

ingredient

망고 1개
빨강 파프리카 1/2개
홍고추 1개
적양파 1/4개
라임 1개
다진 고수 약간
민트 잎 약간
올리브오일 2큰술
레드 페퍼 플레이크 약간
소금 약간
후추 약간

1 망고는 과육만 빼내 작게 깍둑썬다. 빨강 파프리카는 씨와 심을 제거하고 작게 깍둑썬다. 홍고추는 씨를 제거하고 송송 썬다. 적양파는 곱게 다진다. 라임은 껍질을 갈아 제스트를 만든다. 남은 라임으로 라임즙을 짠다.

2 볼에 깍둑썬 망고와 빨강 파프리카, 송송 썬 고추, 곱게 다진 적양파, 올리브오일, 레드 페퍼 플레이크를 넣고 소금, 후추로 간한 뒤 골고루 버무린다.

3 다진 고수, 민트 잎를 넣고 살짝 더 버무린다.

memo

○

영양 지식

망고 속 주요 폴리페놀인 망기페린은 대장암, 폐암, 전립선암 및 유방암 등 다양한 유형의 암과 관련된 활성산소로부터 우리 몸을 보호하는 데 도움을 주는 것으로 알려져 있습니다. 이 강력한 항산화제 망기페린은 혈관을 이완시켜 혈압을 낮추고 항염 효과도 있지요. 하지만 다른 과일에 비해 당분이 많아 적정량을 섭취해야 합니다.

Corn Salsa

○

옥수수살사

살사는 신선한 생 채소를 맛있게 즐길 수 있는 메뉴로 채소와 과일을 활용한 식단에 잘 어울려요. 채소를 같은 크기로 곱게 썰어 올리브 오일, 식초 또는 라임즙이나 레몬즙, 허브를 넣고 버무리면 완성됩니다. 옥수수와 검은콩으로 만드는 살사는 멕시코에서 인기 있는 조합으로 통밀 칩이나 채소 스틱과 함께 먹으면 간단한 식사 대용 메뉴가 돼요. 또는 메인 메뉴에 피클처럼 곁들여 먹는 음식으로도 훌륭해요.

---

ingredient

통조림 옥수수 1캔
통조림 검은콩 1/2캔
방울토마토 5개
적양파 1/4개
마늘 1쪽
파슬리 약간
라임 1개
올리브오일 2큰술
소금 약간
후추 약간
플랫 브레드 적당량

1 통조림 옥수수와 통조림 검은콩은 흐르는 물에 씻은 뒤 물기를 뺀다. 방울토마토는 꼭지를 제거하고 굵게 다진다. 적양파, 마늘, 파슬리는 곱게 다진다. 라임은 껍질을 갈아 제스트를 만든다. 남은 라임으로 라임즙을 짠다.

2 볼에 통조림 옥수수, 통조림 검은콩, 굵게 다진 방울토마토, 곱게 다진 적양파와 마늘, 라임제스트, 라임즙, 올리브오일을 넣고 소금, 후추로 간한 뒤 골고루 버무린다.

3 곱게 다진 파슬리를 넣고 살짝 더 버무린다.

4 그릇에 옥수수살사를 담은 뒤 플랫 브레드를 곁들인다.

memo

○

참고 사항

○ 통조림 검은콩 대신에 삶은 검은콩 1컵을 사용해도 됩니다.

영양 지식

옥수수에는 비타민B1, B2, E와 칼륨, 철분 등 무기질이 풍부하며 식이섬유 또한 많아 다이어트와 변비에도 효과적이라고 알려져 있지요. 단, 평소 소화 기능이 떨어지는 경우 소화 과정을 방해할 수 있으며 GI가 높은 편이라 당과 관련해 기저질환이 있다면 그 양을 1개 이하로 제한해 섭취하거나 다양한 콩류, 채소와 함께 섭취하면 좋습니다.

Pineapple Salsa

파인애플살사

달콤하고 상큼한 파인애플에 싱그러운 채소를 더한 산뜻한 살사예요. 통조림 파인애플은 당이 높으니 생 파인애플을 사용하는 게 좋아요. 요즘은 마트에서 손질된 생 파인애플을 쉽게 구입할 수 있어요. 라임이 없다면 식초를 써도 괜찮지만, 생 라임을 사용하는 게 훨씬 맛있을 거예요.

ingredient

파인애플 1/4개
양파 1/4개
오이 1/3개
풋고추 1/2개
마늘 1/2쪽
라임 1개
다진 고수 1큰술
올리브오일 2큰술
소금 약간
후추 약간
토르티야 칩 적당량

1 파인애플은 작게 깍둑썰어 2컵을 준비한다. 양파는 곱게 다진 뒤 찬물에 10분간 담갔다가 건져내 물기를 뺀다. 오이와 풋고추는 씨를 제거하고 깍둑썬다. 라임은 껍질을 갈아 제스트를 만든다. 남은 라임으로 즙을 짠다.

2 볼에 깍둑썬 파인애플, 곱게 다진 양파와 마늘, 깍둑썬 오이와 풋고추, 라임제스트, 라임즙, 올리브오일을 넣고 소금, 후추로 간한 뒤 골고루 버무린다.

3 다진 고수를 넣고 살짝 더 버무린다.

4 그릇에 파인애플살사를 담고 토르티야 칩을 곁들인다.

memo

영양 지식

새콤달콤 입맛을 돋우는 파인애플은 비타민C와 브로멜라인이 풍부합니다. 브로멜라인은 단백질을 분해하는 효소로 고기를 재울 때 사용하거나 고기와 함께 섭취 시 소화를 돕는 이점이 있지요. 알싸한 캡사이신이 미생물에 대항해 면역 기능을 높일 수 있는 풋고추와 함께 조리된 살사를 고기 요리와 함께 곁들이면 음식 궁합도 딱이겠지요?

Part 3

간단하게 만드는 영양 가득한 식사

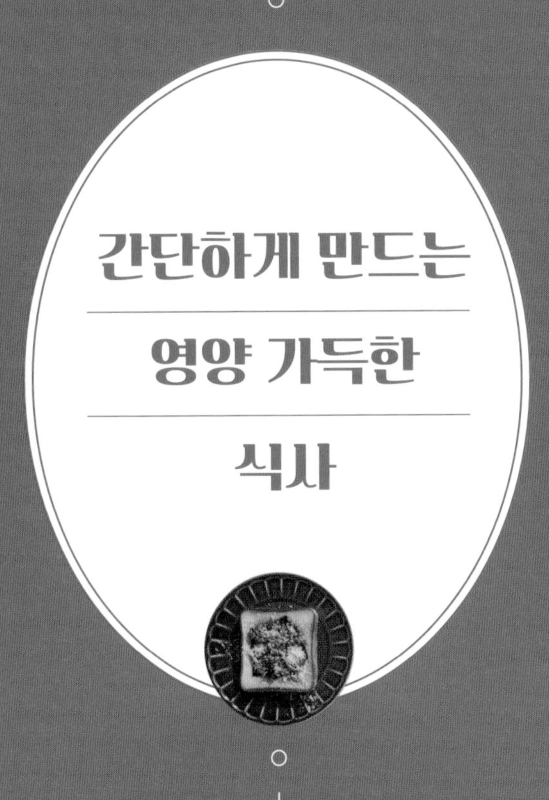

Vegetables & Fruits Recipe

저속 노화로 가는 음식

사람은 자연의 일부이므로 노화를 완전히 막을 수는 없습니다. 그러나 현대인의 식습관은 불필요한 노화 촉진을 증가시키고 있습니다. 최근 연구에 따르면 건강한 노화는 유전적 요인보다도 환경적 요인과 생활 습관에 의해 더 큰 영향을 받는 것으로 밝혀졌습니다(Harvard Medical School, 2021). 그중 '활성산소(ROS, Reactive Oxygen Species)'에 주목해보겠습니다. 활성산소는 대사 과정에서 신체의 대사 과정에서 자연적으로 생성되는 부산물입니다. 이것이 과도하게 축적되면 세포를 손상시키고 노화를 촉진하는 것이지요.

활성산소는 육류, 가공식품 섭취, 스트레스 등 다양한 원인으로 발생됩니다. 앞서 말했던 생활 습관, 즉 식단에서 비롯되는 부분이 큰 것이지요. 그래서 수많은 건강 전문가는 식단에 올리지 말아야 할 음식으로 트랜스지방, 정제 탄수화물, 육류를 꼽습니다. 이들은 체내 염증을 유발시키고 활성산소를 증가하게 만듭니다. 체내 염증은 노화로 연결되는 구조를 갖고 있으므로 이를 엄격이 제한해야 합니다.

활성산소를 낮추는 채소·과일식

채소와 과일에는 항산화 성분인 폴리페놀, 플라보노이드, 비타민 C, 베타카로틴 등이 풍부하여 신체의 활성산소를 제거하고 염증 반응을 줄이는 역할을 합니다. 미국 하버드대 보건대학원의 연구에서도 채소와 과일 섭취량이 많은 사람일수록 노화 관련 질환(심혈관질환, 알츠하이머병) 발병률이 낮은 경향을 보인다고 밝혔습니다.

베리류, 녹색 잎채소, 견과류, 올리브오일은 세포 손상을 방지하고 노화를 늦추는 효과가 있다고 하지요. 우리에게 이로운 음식을 먹음으로써 자연스럽게 생활 습관이 개성됨은 물론 아프지 않게 잘, 천천히 늙는 방법을 실천해야 합니다.

독소를 청소하는 채소·과일식

간과 콩팥은 몸에 들어오고 쌓인 독소들을 해독하는 기관입니다. 이 기관이 정상적으로 잘 움직이려면 우선 해독할 양을 적게 주어야겠지요. 만약 간과 콩팥이 해독할 양보다 더 많은 양의 독소를 보낸다면 그만큼 일을 더 하게 될까요? 아닙니다. 간과 콩팥에게는 하루하루 해독 할당량이 있습니다. 그 이상을 넘어가면 해독을 멈추고 남아 있는 독소를 지방으로 축적해버리지요. 이 지방이 쌓이고 또 쌓이면 비만이 되는 것입니다.

비만은 염증 세포들로 가득한 질환이며 만병의 근원입니다. 살이 찌고 몸이 붓는다는 건 독소가 쌓였다는 초기 신호라는 점을 알아야 합니다. 비만과 함께 오는 질병으로는 콜레스테롤이 있습니다. 콜레스테롤 수치가 높아서 혈관이 막히면 뇌경색, 뇌졸중, 심근경색 등으로 이어집니다.

식단은 간과 콩팥에게 무리가 가지 않는 양의 독소를 보내고 이들이 활발하게 해독할 수 있는 에너지원을 공급해주는 것을 기본으로 해야 합니다. 그래서 병원에 가면 "식단 관리를 해라"라는 말을 듣는 것이지요. 영양제, 치료 약을 먹어도 식단이 엉망이면 소용이 없습니다. 지금부터 채소·과일식으로 몸의 독소를 해독하는 데 집중해야 합니다.

면역력을 높이는 채소·과일식

채소·과일 식단은 면역력을 강화시키는 데 중요한 역할을 합니다. 면역 체계는 신체를 외부 균으로부터 보호하는 역할을 합니다. 면역력이 떨어지면 감기부터 온갖 질환에 시달리게 되는 것이지요. 연구에 따르면, 비타민 C와 같은 항산화 성분이 풍부한 식품은 면역 세포의 기능을 향상시키고, 염증 반응을 감소시킨다고 합니다.

면역력은 장내 환경에 영향을 많이 받는다고 합니다. 장은 '제2의 뇌'로 불릴만큼 중요한 기관이지요. 신체뿐만 아니라 뇌에도 영향을 주는 장에는 유익균이 많아야 하는데요, 초가공식품은 이 유익균의 균형을 깨뜨리고 유해균을 높이는 데 일조합니다. 장내 환경이 깨지면 면역력이 떨어지니 식이섬유가 많이 포함된 음식을 먹어 유익균을 증가시켜야 합니다.

수많은 연구에서는 과일과 채소를 많이 섭취하는 사

람들이 그렇지 않은 사람들보다 감염 질환에 걸릴 확률이 낮으며, 회복 속도도 빠르다는 결과가 보고되었습니다. 따라서 채소·과일 위주의 식단을 유지하는 것은 단순히 노화 속도를 늦추는 것뿐만 아니라, 신체 방어력을 강화하는 데 필수적입니다.

환경을 생각하는 채소·과일식

채소와 과일 위주의 식단을 먹다보면 자연스럽게 환경에 관심을 갖게 됩니다. 단적인 예로 기후 변화는 장바구니 물가에 영향을 주고, 우리가 먹을 수 있는 건강한 식단은 값비싼 식품으로 둔갑하게 되지요. 예를 들어 여름철 잦은 태풍과 높은 강수량으로 많은 농가가 침수되면서 오이와 애호박 꽃이 모두 떨어졌다는 소식을 들었습니다. 바로 그해 오이와 애호박 가격은 천정부지로 올랐지요. 올리브도 마찬가지입니다. 비가 오지 않아 올리브 나무에 열매가 맺지 않아 올리브오일 가격이 폭등을 했는데요, 얼마 지나지 않아 그 지역에 초유의 폭우가 내려 올리브 나무가 전부 물에 잠겼다고 합니다.

기후 변화는 멀리 있지 않습니다. 바로 마트에서도 체감할 수 있지요. 건강하고 안전한 먹거리를 위해서라도 우리는 환경을 생각해야 합니다. 우리 몸에 독소를 채우는 초가공식품이 있다면 지구의 독소를 채우는 건 썩지 않는 쓰레기, 유해한 화학물질, 그 제품과 물질을 만드는 수많은 회사와 공장이라고 생각합니다. 나와 다음 세대를 위한 독소를 빼는 과정 중 하나로 내가 할 수 있는 만큼 환경에 위해가 되지 않는 제품을 고르고 써보세요. 그럼 우린 보다 나은 건강과 삶을 누릴 수 있을 겁니다.

Part 3. One plate Meal

감자아스파라거스감바스 ○ 방울양배추풋콩감바스 ○ 브로콜리버섯감바스 ○ 주키니페스토파스타 ○ 여름라타투이 ○ 콜리플라워김치볶음밥 ○ 해산물편백나무찜 ○ 낫토김토스트

채소·과일식을 다채롭게 만드는 특별한 한 그릇

One plate

간단한 한 끼, 잘 차린 한 상 요리 등 다양한 한 그릇 식사를 소개합니다. 새로운 음식이 아니라 기존에 먹던 음식을 건강식으로 바꿔보는 것이니 자유롭게 만들어보세요.

tip. 감바스, 라타투이, 편백나무찜은 2인분, 파스타, 김치볶음밥, 낫토토스트는 1인분 분량으로 표기했습니다.

· 채소를 주인공으로 삼기 ·

탄수화물, 육류 위주의 식단 대신 채소를 중심에 두면 건강한 한 끼 식사를 만들 수 있습니다. 정제탄수화물, 초가공식품은 줄이고 풍성한 채소로 식탁을 꾸며보세요.

· 곡류 대체하기 ·

곡류 대신 밥처럼 지어 먹을 수 있는 곤약쌀, 콜리플라워 라이스, 면 대신 사용하는 채소면만 활용해도 다채로운 메뉴를 만들 수 있습니다. 확 바뀐 식재료에 거부감이 든다면 처음에는 1/3은 채소, 2/3는 면이나 곡류로 구성하세요. 그다음 천천히 채소의 비중을 늘려가면 됩니다.

Potato Asparagus Gambas

○

감자아스파라거스감바스

봄의 싱그러움을 담은 감자아스파라거스감바스는 각 재료의 익는 속도를 균일하게 맞추는 것이 중요해요. 익는 데 시간이 오래 걸리는 감자는 미리 익혀 물기를 뺀 뒤 조리하는 것이 좋아요. 감바스는 토스트나 바게트에 올려 먹어도 맛있어요.

ingredient

감자(대) 2개
아스파라거스 8대
마늘 2쪽
올리브오일 150ml
페페론치노 5개
소금 약간, 1작은술

1 감자는 깨끗이 씻은 뒤 껍질째 적당한 크기로 썬다. 아스파라거스는 껍질을 벗기고 밑동을 5cm 정도 자른 뒤 한입 크기로 썬다. 마늘은 적당한 두께로 썬다.

2 냄비에 물, 소금을 약간 넣고 끓인다. 물이 끓으면 적당한 크기로 썬 감자를 넣고 5분간 삶은 뒤 건져내 물기를 뺀다.

3 달군 팬에 올리브오일, 적당한 두께로 썬 마늘, 페퍼론치노를 넣고 소금 1작은술을 넣어 간한 뒤 약불에서 가열한다.

4 마늘 향이 나면 삶은 감자와 한입 크기로 썬 아스파라거스를 넣고 5~10분간 뭉근하게 가열한다.

참고 사항

○ 감자를 냄비에 넣고 익히는 대신 전자레인지로 익혀도 됩니다. 내열용 용기에 적당한 크기로 썬 감자, 물 1큰술을 넣고 3분간 돌리세요.

영양 지식

바쁘고 귀찮을 때 전자레인지만한 도구가 없죠. 전자파가 해롭거나 영양소를 파괴하지 않을까 하는 우려도 많지만 감자에 풍부한 비타민C는 수용성 비타민이라 물로 끓이는 것보다 전자레인지로 짧은 시간 조리하는 것이 그 손실을 최소화할 수 있습니다. 몇몇 연구에 따르면 가지 속 클로로겐산이나 브로콜리의 설포라판은 전자레인지 조리 시 더 풍부하게 보존되는 경우도 있어요. 조리하기 힘들어 채소 음식을 꺼렸다면 이젠 전자레인지를 활용해서 간편하게 섭취를 늘려보세요.

memo

○

Developed by sarasa design

Brussels Sprouts Edamame Gambas

○

방울양배추풋콩감바스

풋콩은 어린 대두를 꼬투리째 수확한 채소로 시중에서 냉동 제품으로 쉽게 구할 수 있어요. 감바스에는 껍질을 벗겨 콩만 넣으면 되니 매우 편리한 먹거리이지요. 방울양배추는 자르지 않고 통째로 넣어도 좋아요. 올리브오일에 재료가 충분히 잠긴 상태에서 익히면 완벽한 요리가 완성돼요.

---

ingredient

방울양배추 10개
풋콩 1/3컵
마늘 2쪽
올리브오일 150ml
페페론치노 3개
소금 1작은술

1. 방울양배추는 밑동을 자르고 2등분한다. 풋콩은 껍질을 벗기고 알만 빼낸다. 마늘은 얇게 썬다.
2. 달군 팬에 올리브오일, 얇게 썬 마늘, 페페론치노를 넣고 소금으로 간한 뒤 약불에서 익힌다.
3. 마늘 향이 나면 2등분한 방울양배추, 풋콩을 넣고 방울양배추가 익을 때까지 5~10분간 뭉근하게 가열한다.

memo

○

영양 지식

방울양배추는 양배추의 축소판이지만 단백질 등 영양 밀도는 매우 높아 작게만 볼 수 없는 야무진 재료랍니다. 비타민K, A, C는 물론 이소티오시아네이트가 풍부해 강력한 소염 작용을 하는 것으로 알려져 있으며 혈관 건강에도 효과적입니다. 크기가 작아 조리 또한 간편하니 다양한 요리에 적극 활용해보세요.

Broccoli and Mushroom Gambas

브로콜리버섯감바스

감바스는 마늘 향이 나는 오일에 새우를 천천히 익혀 해산물 특유의 잡내는 없애고 탱탱한 식감은 오롯이 느낄 수 있는 메뉴입니다. 하지만 해산물 대신 채소만 써도 훌륭한 맛과 식감을 낼 수 있어요. 특히 단단한 버섯류가 참 잘 어울리는데요, 부드럽게 씹히는 맛이 좋으니 꼭 한번 만들어 보세요.

---

ingredient

브로콜리 150g
양송이버섯 100g
마늘 2쪽
올리브오일 150ml
페페론치노 3개
소금 약간, 1작은술

1 브로콜리는 한입 크기로 송이를 나눠 자른다. 양송이버섯은 밑동을 자르고 4등분한다. 마늘은 얇게 저민다.

2 냄비에 물, 소금 약간을 넣고 끓인다. 물이 끓으면 송이를 나눠 자른 브로콜리를 넣고 3분간 데친 뒤 건져내 물기를 뺀다.

3 달군 팬에 올리브오일, 얇게 저민 마늘, 페퍼론치노를 넣고 소금 1작은술로 간한 뒤 약불에서 가열한다.

4 마늘 향이 나면 데친 브로콜리, 4등분한 양송이버섯을 넣고 양송이버섯이 부드러워질때까지 5~10분간 뭉근하게 가열한다.

참고사항

○ 브로콜리를 냄비에 넣고 익히는 대신 전자레인지로 익혀도 됩니다. 내열용 용기에 한입 크기로 송이를 나눠 자른 브로콜리, 물 1큰술을 넣고 1분 30초간 돌리세요.

영양지식

감바스는 해산물이 주 재료이지만 브로콜리와 버섯만 넣어 만들어도 참 맛있어요. 버섯은 채식 식단에서 육류 대용으로 많이 활용하는데 베타글루칸이 풍부해 면역 기능 활성화와 세포 재생을 촉진 시켜주는 데 탁월합니다. 양송이버섯은 다른 버섯에 비해 인 성분이 풍부한데 인은 칼슘과 만나 뼈, 치아, 세포막, DNA를 구성하는 데 사용되는 필수 미네랄이에요. 칼슘이 풍부한 브로콜리와 함께 요리해 뼈 건강을 챙겨보세요.

memo

○

Zucchini Pesto Pasta

주키니페스토파스타

주키니, 오이, 당근처럼 길고 가느다란 채소를 국수 모양으로 깎아 만드는 '채소 면' 요리는 탄수화물 섭취를 줄일 수 있어서 많은 분에게 사랑받는 메뉴예요. 허브와 견과류 향이 살아 있는 페스토는 채소 면과 특히 잘 어울려요. 채소와 면의 비율을 조절하며 나에게 맞는 조합을 찾아보세요.

ingredient

통조림 병아리콩 1/3컵
주키니 1/2개
마늘 1쪽
스파게티 면 50g
올리브오일 2큰술
소금 약간

소스

허브페스토(53쪽) 1/2컵
파르메산 치즈(가루) 1큰술

토핑

바질 잎 약간

1. 흐르는 물에 통조림 병아리콩을 씻은 뒤 물기를 뺀다. 주키니는 채칼로 길고 굵게 채썬다. 마늘은 굵게 다진다.
2. 냄비에 물을 붓고 소금을 넣어 끓인다. 물이 끓으면 스파게티 면을 넣고 봉지에 적힌 조리 안내에 따라 면을 삶는다. 불을 끄기 전에 주키니를 넣고 1분간 데친 뒤 면과 함께 건진다.
3. 달군 팬에 올리브오일 1큰술을 두른 뒤 굵게 다진 마늘을 넣고 1분간 볶는다.
4. 삶은 스파게티 면, 채썬 주키니를 넣고 2분간 볶는다.
5. 스파게티 면에 모든 소스 재료, 올리브오일 1큰술을 넣고 골고루 섞으며 30초간 볶는다.
6. 그릇에 주키니페스토파스타를 담고 토핑을 올린다.

memo

참고 사항

- 스파게티를 면을 볶을 때 농도가 너무 되직하다면 파스타 삶은 물을 1큰술씩 넣어 농도를 조절하세요.

영양 지식

주키니는 애호박과 외형은 비슷하지만 맛과 영양에서는 차이가 있어요. 주키니는 비타민C와 엽산이 풍부해 세포 손상 방지에 효과적이며, 칼륨은 심혈관 건강과 혈압 조절에 효과적입니다. 애호박에 비해 굵고 단단하기 때문에 식감을 잘 살리는 구이로 요리하면 더 맛있게 먹을 수 있습니다.

Summer Ratatouille

○

여름라타투이

라타투이는 일년 내내 만들어 먹을 수 있지만, 여름 제철 채소로 만들면 가장 풍성하고 달콤한 맛을 즐길 수 있어요. 완성된 라타투이는 삶은 숏파스타에 섞거나 토스트 위에 얹은 뒤 치즈와 함께 살짝 구우면 맛있게 채소를 먹을 수 있습니다. 여유가 있다면 애니메이션 〈라따뚜이〉처럼 얇게 썬 호박, 가지, 토마토를 동그랗게 담아 오븐에 구워 손님 접대 요리로 활용해보세요.

---

ingredient

주키니 1개
가지 1개
토마토 3개
양파 1개
노랑 파프리카 1개
마늘 3쪽
타임 약간
바질 1/2단
올리브오일 3큰술
토마토 퓨레 1컵
레드와인식초 1큰술
설탕 1/2작은술
소금 약간
후추 약간

1. 주키니, 가지, 토마토는 꼭지를 자르고 한입 크기로 썬다. 양파는 한입 크기로 썬다. 노랑 파프리카는 꼭지와 씨를 제거하고 한입 크기로 썬다. 마늘은 곱게 다진다. 타임은 잎만 뗀다. 바질은 잎을 떼고 채썬다.
2. 달군 팬에 올리브오일을 두른 뒤 한입 크기로 썬 양파, 곱게 다진 마늘을 넣고 살짝 볶는다.
3. 소금, 후추로 간하고 5분간 더 볶는다.
4. 한입 크기로 썬 주키니와 가지, 토마토, 노랑 파프리카, 타임 잎을 넣고 3분간 더 볶는다.
5. 토마토 퓨레, 채썬 바질 잎, 레드와인식초, 설탕을 넣고 소금, 후추로 간한 뒤 40분간 뭉근하게 익힌다.

memo

○

참고사항

○ 설탕은 생략 가능합니다.

영양 지식

여름철 충분한 비와 뜨거운 햇빛을 받으며 자란 채소는 파이토케미컬 속 항산화 물질이 폭발적으로 증가합니다. 또한 채소 본연의 향과 질감이 최대치가 되어 더위에 지친 식욕을 자극하는 데 최고의 선물이 됩니다. 주키니, 가지, 토마토 내 수분으로 탈수를 예방하고 더위로 인한 만성 피로를 라따뚜이로 개선해보세요.

Cauliflower Kimchi Fried Rice

콜리플라워김치볶음밥

콜리플라워 라이스는 쌀을 대신할 수 있어 저탄수화물 식단의 유망주로 주목받고 있어요. 냉동된 시판용 제품도 있지만, 콜리플라워를 강판에 갈면 집에서도 쉽게 콜리플라워 라이스를 만들 수 있어요. 줄기는 껍질을 제거하고 곱게 다지면 돼요. 콜리플라워 라이스는 양념 맛이 강할수록 쌀과 비슷한 질감이 나요. 밥 대신 콜리플라워로 김치볶음밥을 만들어 저칼로리 식사를 즐겨보세요. 속이 헛헛하다면 현미밥을 1/3 공기 정도 섞어서 먹어도 좋아요.

---

ingredient

양파 1/4개
마늘 1쪽
실파 1대
다진 김치 1컵
콜리플라워 라이스 1/2컵
올리브오일 약간
참기름 약간
간장 약간
소금 약간
후추 약간

토핑

김가루 약간
참깨 약간
어슷하게 썬 실파 약간

memo

1. 양파와 마늘은 곱게 다진다.
2. 달군 팬에 올리브오일을 두른 뒤 곱게 다진 양파와 마늘을 넣고 5분간 볶는다.
3. 다진 김치를 넣고 3분간 더 볶는다.
4. 콜리플라워 라이스를 넣고 간장, 소금, 후추로 간한 뒤 3분간 볶는다.
5. 참기름을 두른 뒤 어슷하게 썬 실파를 넣고 1분간 더 볶는다.
6. 그릇에 콜리플라워김치볶음밥을 담고 토핑을 올린다.

영양 지식

콜리플라워는 찌거나 구워 먹어도 좋지만 쌀밥 대용으로 먹을 수 있는 게 큰 장점이에요. 열량은 1컵에 25kcal에 불과하고, 쌀보다 탄수화물이 약 9배 적으며 비타민과 각종 영양소, 식이섬유와 수분 함량은 높아 체중 감량에 도움을 줄 수 있답니다. 잘 볶아서 냉동해 두었다가 필요할 때마다 밥과 섞어 먹는 것도 좋아요. 최근에는 저탄수화물 식단을 하는 사람뿐만 아니라 암이나 특정 질환자에게도 각광받고 있어요. 건강을 챙기고 싶다면 콜리플라워로 도움을 받아보세요.

Seafood and Vegetable Steamed in a Hinoki Wooden Steamer

해산물편백나무찜

편백나무 찜기로 채소를 찌면 은은한 향이 배어 고급스러운 채식 요리를 즐길 수 있어요. 해산물은 너무 오래 익히면 질겨지니 짧게 조리해야 해요. 2단 찜기를 사용한다면 채소를 먼저 찌고 해산물을 나중에 올려서 찌세요. 단호박처럼 익는 데 시간이 오래 걸리는 재료는 먼저 찌고 어느 정도 익었을 때 다른 재료를 넣어 익히세요.

---

ingredient

애호박 1/4개
당근 1/4개
알배추 1/4개
청경채 4개
표고버섯 2개
팽이버섯 80g
숙주 1줌
새우 6마리
전복 3마리
가리비 5개

소스

간장 4큰술
레몬즙 3큰술
맛술 2큰술
다시마 1장

Prep. 볼에 소스 재료를 넣고 잘 섞은 뒤 하루 정도 냉장고에 넣고 숙성시킨다.

1 애호박은 0.5cm 두께로 송송 썬다. 당근은 나박썰기한다. 알배추는 잎을 한 장 한 장 떼어낸 뒤 가로로 3~4등분한다. 청경채는 세로로 4등분한다. 표고버섯은 흐르는 물에 살짝 씻은 뒤 기둥을 떼고 갓에 별 모양을 낸다. 팽이버섯은 밑동을 자른 뒤 먹기 좋게 찢는다. 숙주는 흐르는 물에 씻은 뒤 물기를 뺀다. 새우는 가위로 수염과 물총을 자른다. 전복은 숟가락으로 껍질과 살을 분리한 뒤 입과 내장을 자른다. 가리비는 해감한 뒤 불순물이 나오지 않을 때까지 씻는다.

2 편백찜기 바닥에 숙주를 깔고 모든 해산물과 채소를 넣는다.

3 냄비에 물이 끓으면 찜기를 올리고 10분간 찐 뒤 불을 끄고 5분간 뜸을 들인다.

4 숙성시킨 소스에서 다시마를 뺀 뒤 편백찜에 곁들인다.

memo

영양 지식

풍부한 단백질과 다양한 비타민, 미네랄, 오메가3, 지방산의 영양을 꽉 채울 수 있는 해산물은 일주일에 한두 번 꼭 챙겨 먹으면 좋습니다. 강력한 항산화제 아스타잔틴이 풍부한 새우는 우리 몸을 산화 스트레스로부터 보호해줍니다. 전복은 고단백 저지방에 요오드와 인, 철이 풍부해 보양식의 대표 주자지요. 혈액순환을 돕는 칼륨이 풍부한 가리비까지 편백향 솔솔 나는 해산물편백나무찜으로 든든한 식사를 해보세요.

Natto Seaweed Toast

낫토김토스트

낫토를 살짝 구우면 특유의 냄새가 줄어들어 낫토를 처음 먹어보는 사람도 부담 없이 즐길 수 있어요. 낫토는 미끌거리는 질감 때문에 먹을 때 불편할 수 있지만, 식빵과 같이 먹으면 훨씬 먹기 편해요. 치즈, 실파, 김은 낫토와 잘 어울리며 조미김을 사용하면 더욱 맛있게 즐길 수 있어요.

ingredient

버터 5g
낫토 1팩
김밥용 김 1/2장
식빵 1장
파르메산 치즈(고체) 1개

토핑
다진 실파 약간
파르메산 치즈(고체) 적당량

1 버터는 실온에 10분 이상 둔다. 낫토는 동봉된 소스를 넣고 잘 섞는다. 김밥용 김은 식빵 크기에 맞게 자른다.

2 식빵에 버터를 골고루 바르고 김밥용 김을 올린다.

3 오븐 토스터에 식빵을 넣은 뒤 식빵 가장자리가 노릇하고 김밥용 김이 바삭해질 때까지 굽는다.

4 구운 식빵에 낫토를 올리고 파르메산 치즈를 갈아 뿌린 뒤 오븐 토스터에 넣고 겉이 살짝 노릇해질 때까지 조금 더 굽는다.

5 그릇에 낫토김토스트를 담고 토핑을 올린다.

memo

영양 지식

세계 장수 국가 일본의 건강식품인 낫토는 대표적인 대두 발효식품으로 '낫토키나아제'라는 효소가 혈관을 막는 노폐물을 녹여 혈관 건강에 도움을 주며, 제니스테인 성분은 체내 콜라겐 합성을 촉진해 노화를 방지하는 효과가 있습니다. 또한 단백질과 비타민K가 풍부하여 골다공증 예방과 배변 활동에 도움을 줍니다. 특유의 질감과 향으로 낫토 섭취가 어려웠다면 이 조리법으로 맛있게 즐겨보세요.

Part 3. One plate Meal

가지스테이크 ○ 무스테이크 ○ 콜리플라워스테이크 ○ 메밀알배추전 ○ 미나리콩비지전 ○ 마들깨무침 ○ 참나물청포묵무침 ○ 톳두부무침 ○ 채소면달걀둥지 ○ 미역자반 ○ 부추콩가루찜 ○ 우엉잡채 ○ 참깨크러스트두부구이 ○ 브로콜리알감자납작구이 ○ 아코디언당근구이

한 그릇 식사와 겯들이는 반찬

Side Dish

우리나라는 반찬 문화 덕분에 자연스럽게 다양한 식재료를 맛볼 수 있습니다. 여기에서는 뿌리채소, 잎채소, 해조류, 콩류 등 평소 잘 먹지 않던 재료를 활용한 반찬을 소개합니다. 그 전에 다양한 영양소를 골고루 섭취하는 건강한 식단 짜는 방법을 알려드릴게요.

tip. 반찬은 2인분 분량으로 표기했습니다.

· 일주일 식단 구성 ·

매일 모든 영양소를 섭취해야 한다는 강박에서 벗어나는 것이 중요합니다. 일주일을 기준으로 다양한 영양소를 골고루 섭취할 수 있도록 식단을 구성해보세요.

· 다양한 식재료 도입 ·

항상 먹는 채소만 먹고 있다면 다른 카테고리에 속하는 식재료도 적극적으로 도입해보세요. '일주일에 5가지 채소 먹기', '해조류와 콩류 3번 이상 먹기'처럼 낯선 재료를 쓰는 규칙을 만들어도 좋습니다. 의식적으로 다양한 영양소를 섭취하는 방법을 생각해보세요.

· 새로운 조리법 시도 ·

좋아하지 않는 식재료도 조리 방식을 바꾸면 색다른 매력을 발견할 수 있습니다. 입맛에 맞지 않는 것을 억지로 먹기보다 내 입에 맛있는 음식을 찾는 것이 건강한 식단을 오랫동안 유지하는 비결입니다.

Eggplant Steak

가지스테이크

굵고 큰 가지를 사용할수록 스테이크와 비슷한 식감을 낼 수 있어요. 가지 스테이크 소스로 사용된 소스는 미소 소스로 일본의 가지 덴가쿠 요리에서 아이디어를 얻었으며, 뉴욕 노부 레스토랑의 노부 마츠히사 셰프가 은대구 요리에 사용한 것으로도 유명합니다. 달콤짭짤하고 고소한 소스가 부드러운 가지를 살살 녹는 맛으로 완성해줍니다.

ingredient

두툼한 가지 2개
올리브오일 적당량
소금 약간
후추 약간

소스

마늘 1쪽
미소 2큰술
간장 1/2작은술
맛술 1작은술
설탕 1작은술

토핑

잣가루 약간
다진 실파 1작은술

1 가지는 양쪽 꼭지를 자르고 세로로 2등분한다. 가지 안쪽에 격자무늬로 자잘하게 칼집을 낸다. 이때 가지 껍질을 뚫지 않도록 주의한다. 마늘은 곱게 다진다.

2 오븐 트레이에 칼집낸 가지를 놓고 조리용 솔로 올리브오일을 넉넉히 바른 뒤 소금, 후추로 간한다.

3 200℃로 예열한 오븐에 트레이를 넣고 가지가 노릇하고 부드러워질 때까지 25분간 굽는다.

4 볼에 곱게 다진 마늘을 포함한 모든 소스 재료를 넣고 설탕이 녹을 때까지 잘 젓는다.

5 구운 가지에 소스를 두텁게 바르고 오븐에 넣어 노릇해질 때까지 3~5분간 더 굽는다.

6 그릇에 가지스테이크를 담고 토핑을 올린다.

memo

영양지식

가지는 100g당 열량이 19kcal에 95%가 수분으로 이루어져 있어 다이어트에 탁월한 채소입니다. 식이섬유가 풍부해 여느 스테이크보다 만족스러운 식사를 할 수 있을 거예요. 비타민, 엽산, 비오틴, 칼륨, 마그네슘 등이 풍부해 다이어트 시 부족할 수 있는 다양한 비타민과 미네랄을 채울 수 있으며, 기름과 함께 조리하면 보라빛 안토시아닌의 효능을 높일 수 있답니다.

Korea Radish Steak

○

무스테이크

두툼한 고기로 만드는 스테이크는 이름만 들어도 푸짐하고 맛있게 느껴지지요. 하지만 채소로 만든 스테이크도 두께감, 고유의 맛, 소스와의 조화를 즐길 수 있는 훌륭한 메뉴입니다. 무를 두툼하게 썰고, 위아래를 노릇하게 구워 스테이크처럼 먹어보세요. 취향에 따라 가니시를 곁들이면 근사한 애피타이저가 됩니다.

---

ingredient

무 1/3개
올리브오일 적당량
소금 약간
물 적당량

소스

간장 1큰술
정종 1큰술
맛술 1큰술
설탕 1작은술
다진 생강 1작은술
물 3큰술

토핑

연겨자 약간
로즈메리 잎 약간

1 무는 껍질을 벗기고 2cm 두께로 둥글게 썬다.

2 냄비에 둥글게 썬 무, 소금을 넣고 무가 잠길 만큼 물을 넣고 중불에서 무가 익을 때까지 끓인다. 무가 익으면 건져낸 뒤 물기를 뺀다.

3 달군 팬에 올리브오일을 두른 뒤 익힌 무를 넣고 중약불에서 앞뒤로 뒤집으며 노릇노릇해질 때까지 구운 뒤 건져내고 키친타월로 기름기를 뺀다.

4 무를 구운 팬에 모든 소스 재료를 넣은 뒤 설탕이 녹을 때까지 잘 저으며 끓인다. 소스가 끓으면 기름기를 뺀 무를 넣고 앞뒤로 뒤집어가며 졸인다.

5 그릇에 무스테이크를 담고 토핑을 올린다.

memo

○

참고사항

○ 무를 냄비에 넣고 익히는 대신 내열용 용기에 무를 넣고 덮개를 씌워서 전자레인지에 3~4분간 가열해도 됩니다.

영양 지식

겨울 산삼으로 불리우는 무는 영양 가치가 매우 높지요. 무의 톡 쏘는 매운맛은 시니그린 때문인데요, 이것은 호흡기 점막을 자극해 점막을 보호하는 점액 분비를 촉진시켜 바이러스나 세균의 침투를 막아줍니다. 또한 가래를 묽게 하여 배출하기 쉽게 만들지요. 식물성 유황 성분도 풍부해 중금속 배출에도 효과적이며, 베타인 성분은 간의 해독을 도우니 맛이 잘 든 무로 환절기 면역을 챙겨보세요.

Cauliflower Steak

○

콜리플라워스테이크

콜리플라워를 큼직하게 잘라 스테이크처럼 즐겨보세요. 흔한 메뉴가 아니어서 색다른 맛을 즐길 수 있답니다. 콜리플라워를 손질하고 남은 부분은 곱게 썰어 샐러드에 넣거나 콜리플라워 라이스처럼 활용하면 좋습니다.

ingredient

콜리플라워 1개
올리브오일 적당량
병아리콩후무스(63쪽) 적당량
소금 약간
후추 약간

토핑
올리브오일 약간
굵게 뜯은 파슬리 약간
파프리카가루 약간
석류알 약간

memo

○

1 콜리플라워는 밑동을 평평하게 잘라내고 가운데 두꺼운 부분을 1.5cm 두께로 2장 자른다.

2 오븐 트레이에 2등분한 콜리플라워를 놓고 조리용 솔로 올리브오일을 골고루 바른 뒤 소금, 후추로 간한다.

3 180도°C로 예열한 오븐에 트레이를 넣고 칼로 콜리플라워를 찌르면 푹 들어갈 때까지 15분간 굽는다.

4 그릇에 병아리콩후무스를 펴 바르고 콜리플라워스테이크 1장을 담은 뒤 토핑을 올린다.

참고 사항

○ 오븐 대신 팬을 사용해도 됩니다. 달군 팬에 올리브오일을 두른 뒤 콜리플라워를 놓고 중약불에서 앞뒤로 뒤집어가며 완전히 익을 때까지 구워주세요.

영양 지식

하얀 꽃송이로 이루어진 콜리플라워는 십자화과 식물중 하나로 면역력 증가와 피로 회복에 매우 효과적입니다. 장에 좋다 알려진 양배추보다 식이섬유가 많고 비타민C, K, B6, 엽산을 비롯한 영양소가 풍부하지요. 또한 신경계 기능과 신진대사 역할을 하는 콜린이 많이 함유되어 있는데 식품에서 섭취하기 쉽지 않은 영양소이니 맛있는 조리법으로 콜리플라워의 섭취를 늘려보세요.

Baby Napa Cabbage Buckwheat Jeon

○

메밀알배추전

알배추와 메밀가루만으로 간단히 만들 수 있는 담백한 반찬이에요. 재료가 간단한 만큼 배추의 달콤한 맛을 그대로 즐길 수 있죠. 시판용 메밀부침가루를 사용하면 쉽게 반죽을 만들 수 있어요. 반죽이 너무 되직하면 부쳤을 때 아삭아삭한 맛이 사라져요. 반죽은 숟가락으로 떠서 떨어뜨릴 때 뚝뚝 흐를 정도로 묽게 조절하는 것이 중요해요.

---

ingredient

알배추 200g
메밀부침가루 1컵
올리브오일 약간
물 1컵
소금 약간

양념장

설탕 1작은술
간장 11/2큰술
맛술 1/2큰술
현미식초 1큰술
다진 마늘 1쪽

1 알배추는 잎을 한 장씩 뜯고 줄기 부분을 칼등으로 가볍게 두드려 편 뒤 소금을 뿌리고 5분간 절인다.

2 볼에 메밀부침가루를 넣고 조금씩 물을 부어가면서 잘 섞어 농도를 조절한다.

3 달군 팬에 올리브오일을 두른 뒤 알배추를 한 장씩 반죽에 담갔다가 가볍게 턴 다음 팬에 넣고 앞뒤로 뒤집어가며 노릇하게 굽는다.

4 볼에 모든 양념장 재료를 넣고 설탕이 녹을 때까지 잘 젓는다.

5 그릇에 메밀알배추전을 담고 양념장을 곁들인다.

memo

○

영양 지식

'쌈배추' 또는 '알배기배추'라 불리우는 알배추는 일반 배추에 비해 달고 부드러워서 샐러드로도 쓸 수 있는 훌륭한 식재료입니다. 섬유질과 칼륨이 풍부해 변비나 위장 기능 강화에도 효과적이에요. 혈당 상승률을 나타내는 GI지수가 낮고, 섬유질과 단백질이 타 곡물에 비해 높은 메밀과 알배추를 함께 먹는다면 담백한 건강전으로 손색이 없겠죠?

Water Parsley Soy Pulp Jeon

○

미나리콩비지전

콩비지 요리를 맛있게 하는 식당을 보면 '여기는 진짜 맛집이다!'라는 생각이 들어요. 그만큼 콩비지 요리가 쉬워 보이지만 사실은 정확한 맛을 내긴 어렵다는 거죠. 여기에서는 담백한 콩비지에 김치와 미나리를 섞어 녹두부침개와 비슷한 전을 만들어볼게요. 취향에 따라 다진 양파, 깻잎, 청양고추 등 다양한 채소를 더해 자신만의 스타일로 업그레이드해보세요.

---

ingredient

식초 1스푼
미나리 50g
김치 50g
콩비지 1컵
달걀 1개
부침가루 1/2컵
올리브유 약간
소금 약간

양념장

간장 1큰술
식초 1/2큰술
물 1/2큰술
설탕 1/2작은술

1 미나리는 흐르는 물에 여러 번 헹군다. 볼에 미나리가 잠길 만큼 물을 가득 담은 뒤 식초 1스푼을 넣는다. 미나리가 식초 물에 푹 잠기게 담그고 5분 정도 그대로 둔다. 미나리를 건져내 흐르는 물에 여러 번 씻은 뒤 2cm 길이로 썬다. 김치는 손으로 국물을 꼭 짠 뒤 곱게 다진다.

2 볼에 콩비지, 달걀, 부침가루를 넣고 소금으로 간한 뒤 잘 섞는다.

3 반죽에 손질한 미나리, 곱게 다진 김치를 넣고 잘 섞는다.

4 달군 팬에 올리브오일을 두른 뒤 반죽을 먹기 좋은 크기로 올린다. 앞뒤로 번갈아가며 노릇하게 굽는다.

5 볼에 모든 양념장 재료를 넣고 설탕이 녹을 때까지 잘 젓는다.

6 그릇에 미나리콩비지전을 담고 양념장을 곁들인다.

memo

○

영양 지식

미나리는 칼슘, 인, 철분 등이 풍부해 독소 배출에 탁월하며 골다공증 예방에 도움이 되는 알칼리성 채소입니다. 또한 미나리에는 플라보노이드의 일종인 퀘르세틴과 캠프페롤이 들어 있는데, 이는 항암, 항염 효과로 잘 알려져 있어요. 이소람네틴, 페르시카린 성분은 간의 기능을 원활하게 하여 몸에 쌓인 피로를 풀어주기도 하지요. 남녀노소 모두에게 이로운 채소로 건강을 지켜보세요.

Chinese Yam Salad with Ground Perilla Seeds

마들깨무침

마, 연근, 토란 등의 뿌리채소는 풍미 깊은 들깨와 참 잘 어울려요. 마를 요리할 때는 아삭아삭한 식감을 지켜주고, 시원하고 상쾌한 즙은 빠져나가지 않도록 하는 게 중요해요. 따라서 마를 무칠 때 마가 부서지지 않도록 조심스럽게 버무리세요. 맛도 좋고 영양도 훌륭한 마로 건강을 지켜보세요.

ingredient

마 200g

소스
비건두부마요네즈(51쪽) 2큰술
간장 1큰술
들깻가루 4큰술
다진 마늘 1작은술
소금 약간

1 마는 껍질을 벗기고 얇게 썬 뒤 흐르는 물에 헹구고 물기를 뺀다.

2 볼에 모든 소스 재료를 넣고 잘 섞는다.

3 소스에 얇게 썬 마를 넣고 조심스럽게 버무린다.

memo

참고 사항

- 다진 실파 1/2작은술을 넣고 버무려도 좋아요.

영양 지식

마의 끈적한 점액질인 뮤신은 위벽을 보호하고 속 쓰림이나 위염을 완화시켜 줍니다. 위장장애가 있는 분은 마를 갈아 주스 형태로 섭취하면 참 좋아요. 들깨와 함께 버무려 찬으로 곁들이면 마의 식이섬유와 디아스타아제 성분이 혈당 관리에 도움을 주며, 필수 아미노산과 비타민이 풍부해 기력 증진에도 도움이 됩니다.

Chamnamul Mung Bean Muk Salad

○

참나물청포묵무침

녹두 전분으로 만든 청포묵은 반투명하고 탄력이 있어 도토리묵과는 또 다른 식감을 선사해요. 김과 실파를 넣어 맛있게 간하여 먹는 것도 좋지만, 참나물과 당근을 더하면 맛뿐만 아니라 색감까지 풍성해져 군침 도는 모양새를 갖춘답니다. 좋아하는 채소를 활용해 무침하고 신선한 청포묵 요리를 만들어보세요.

---

ingredient

청포묵 200g
참나물 50g
당근 50g

양념

설탕 1작은술
간장 1/2큰술
소금 1/2작은술
현미식초 1큰술
참기름 1작은술
참깨 1작은술

토핑

참깨 약간

memo

○

1. 청포묵은 길게 채썰고 끓는 물에 가볍게 데친 뒤 물기를 뺀다. 참나물은 한입 크기로 썬다. 당근은 얇게 채썬다.
2. 볼에 모든 양념 재료를 넣고 설탕이 녹을 때까지 잘 젓는다.
3. 양념에 채썬 청포묵을 넣고 조심스럽게 버무린다.
4. 한입 크기로 썬 참나물, 채썬 당근을 넣고 살짝 버무린다.
5. 그릇에 참나물청포묵무침을 담고 토핑을 올린다.

영양지식

향긋한 향이 매력적인 참나물은 산나물 중에서도 베타카로틴 함량이 높아 안구건조증을 개선하는 등 눈 건강에 도움이 됩니다. 뇌 활동을 활성화하는 아미노산 또한 풍부해 치매 예방에도 좋지요. 녹두로 만든 청포묵은 단백질과 류신, 라이신 등의 필수 아미노산을 섭취할 수 있어요. 열량은 낮은 데 비해 포만감이 크며 식이섬유도 풍부한 좋은 식재료로 맛있는 식사를 해보세요.

Hijiki and Tofu Mix

톳두부무침

바다의 풍미를 전하는 톳은 다양한 요리에 활용할 수 있습니다. 가볍게 헹구거나 데쳐 짠기를 제거하면 볶음, 조림, 솥밥 등 다양한 요리에 활용할 수 있지요. 톳을 두부와 함께 무치면 부드러운 질감과 톡톡 터지는 맛, 깊은 풍미가 한꺼번에 느껴지는 건강한 반찬을 만들 수 있어요.

ingredient

톳 100g
두부 250g
소금 약간

양념
마늘 1쪽
참치액 1작은술
참기름 1작은술
소금 약간

1 냄비에 물을 붓고 소금을 넣는다. 물이 끓으면 톳을 넣고 10초간 데친 뒤 찬물에 헹구고 물기를 뺀다. 톳을 한입 크기로 썬다. 두부는 면포에 싸서 물기를 꼭 짠다. 마늘은 곱게 다진다.

2 볼에 두부를 담고 굵게 으깬다.

3 으깬 두부에 곱게 다진 마늘을 포함한 모든 양념 재료를 넣고 잘 버무린다.

4 데친 톳을 넣고 살짝 버무린다. 입맛에 따라 소금을 추가한다.

memo

참고 사항

- 다진 실파 1/2작은술을 넣고 버무려도 좋아요.

영양 지식

바다의 불로초인 톳은 철분 성분이 시금치의 3~4배나 높고 칼슘, 칼륨, 망간 등이 풍부해 혈액순환과 골다공증, 빈혈 예방에 탁월합니다. 알긴산과 푸코이단 등의 수용성 섬유소는 혈액 속 콜레스테롤을 배출하고, 변비 예방에도 도움이 되지요. 특히 여성이 필요로 하는 에스트로겐을 다량 함유하고 있어 갱년기 증상 완화에도 좋은 식품입니다. 이렇게 몸에 좋은 톳은 겨울이 제철이니 잊지 말고 꼭 한 번쯤 맛보길 바랍니다.

Vegetable Egg Nest

채소면달걀둥지

당근, 애호박, 양파 등 면처럼 길게 썰 수 있는 채소를 활용해 만드는 레시피입니다. 채소 면이 끊어질까 봐 걱정된다면 양념할 때 감자 전분을 살짝 뿌려 점성을 만들어도 좋습니다. 이 레시피는 8~10개를 만들 수 있는 분량이니 참고하세요.

ingredient

당근 1/2개
애호박 1개
양파 1/4개
달걀 8~10개
파르메산 치즈(고체) 1개
올리브오일 스프레이 적당량
소금 약간

밑간

마늘가루 1/2작은술
양파가루 1/2작은술
레드 페퍼 플레이크 약간
소금 약간
후추 약간

1 당근, 애호박, 양파는 채칼로 아주 얇게 채썬다.

2 볼에 채썬 당근과 애호박, 소금을 넣고 잘 버무린 뒤 10분간 절이고 손으로 물기를 꼭 짠다.

3 볼에 채썬 애호박과 당근, 양파, 모든 밑간 재료를 넣고 골고루 버무린다.

4 머핀 틀에 올리브오일 스프레이로 올리브오일을 골고루 뿌리고 밑간한 채소 면을 적당히 넣은 뒤 가운데를 손으로 살살 눌러 움푹 파이게 한다.

5 움푹 파인 채소 면 중앙에 달걀을 넣고 파르메산 치즈를 적당히 갈아 뿌린다.

6 200℃로 예열한 오븐에 머핀 틀을 넣고 노른자가 익을 때까지 15~20분간 굽는다.

7 그릇에 채소면달걀둥지를 담고 파르메산 치즈를 갈아 뿌린다.

참고 사항

- 오븐 대신 프라이팬을 사용해도 됩니다. 달군 팬에 올리브오일을 두른 뒤 채소 면, 모든 밑간 재료를 넣고 살짝 볶아줍니다. 채소 면을 넓게 펼친 뒤 군데군데 빈 곳을 만들어 달걀을 넣습니다. 뚜껑을 닫고 약불에서 노른자가 익을 때까지 천천히 익힙니다. 재료가 탈 것 같으면 물을 약간 넣어도 됩니다.

영양 지식

채소와 과일을 매일 400g씩 섭취하면 만성질환을 비롯해 암, 심장병, 치매, 뇌졸중 등을 예방할 수 있다는 연구 결과가 있어요. 채소 속 다양한 무기질과 비타민 식이섬유는 육식과 가공식품 위주의 식단에서 비롯된 질환을 예방하는 데 도움이 됩니다. 하지만 하루 평균 필수 섭취량은 생각보다 많지요. 그럴 땐 면처럼 가늘게 채썰어 섭취하는 것이 도움이 됩니다. 주식처럼 채소를 배치하고 달걀 등의 단백질을 추가하면 몸이 주는 긍정의 변화를 느낄 수 있을 거예요.

memo

Seasoned Seaweed

○

미역자반

미역자반을 만들 땐 미역만으로도 충분히 맛있는 자반을 만들 수 있습니다. 여기에 호두를 더하면 더 건강하고 식감이 좋은 자반을 만들 수 있지요. 자반을 에어프라이어로 조리하면 기름을 많이 쓰지 않아도 바삭한 식감을 낼 수 있습니다. 미역과 호두가 어우러져 짭조름하고 고소한 영양 만점 반찬을 만들어보세요.

---

ingredient

건미역 30g
호두 20g
올리브오일 스프레이 적당량
참깨 1작은술
설탕 3큰술
물 3큰술

1. 건미역은 적당한 크기로 자른다. 호두는 살짝 다진다.
2. 자른 건미역 올리브오일 스프레이로 올리브오일을 뿌린다.
3. 180℃로 예열한 에어프라이어에 자른 건미역을 넣고 2~3분 간격으로 뒤적이며 5~10분간 타지 않게 굽는다.
4. 달군 팬에 다진 호두, 참깨를 넣고 중불에서 3분간 볶은 뒤 불을 끄고 한 김 식힌다.
5. 달군 팬에 설탕, 물을 넣고 중불에서 설탕이 녹을 때까지 잘 저으며 끓인다.
6. 설탕물이 끓으면 구운 건미역, 볶은 호두와 참깨를 넣고 빠르게 섞은 뒤 불을 끄고 한 김 식힌다.

memo

○

영양 지식

미역 속 알긴산은 수용성 식이섬유로 혈관의 나쁜 콜레스테롤을 흡착하여 체외로 배출시키며, 혈액 속 활성산소 생성을 억제합니다. 또한 미역 속에는 비타민A, C, E 외에 후코이단과 베타카로틴 성분이 풍부해 강력한 항산화 역할을 해 혈관 손상을 방지하지요. 이처럼 혈관을 깨끗하게 하여 '혈관 청소부'라 불리는 미역과 오메가3 지방산과 비타민E를 가진 호두가 만나면 뇌 건강을 돕고 항산화 효과를 높일 수 있습니다.

Steamed Chives with Soybean Powder

○

부추콩가루찜

부추는 예로부터 원기를 보충해주는 채소로 잘 알려져 있습니다. 부추는 보통 부추전이나 겉절이로 많이 만들지만, 여기에서는 콩가루로 양념해서 가볍게 쪄 풋내만 없앤 부추콩가루찜을 만들어볼게요. 콩가루를 너무 많이 넣으면 서로 엉겨 붙어 덩어리가 되니 적당히 넣는 것이 중요합니다.

ingredient

부추 100g
볶은 검은콩가루 4큰술
소금 약간

양념

다진 마늘 1/4작은술
간장 1/2작은술
참기름 약간
참깨 약간

1 부추는 흐르는 물에 여러 번 씻은 뒤 물기를 빼고 5cm 길이로 자른다.

2 볼에 자른 부추, 볶은 검은콩가루를 넣고 소금으로 간한 뒤 골고루 버무린다.

3 냄비에 물을 붓고 끓인다. 물이 끓으면 찜기에 면포를 깔고 버무린 부추를 넣은 뒤 3분간 찐다.

4 볼에 찐 부추, 모든 양념 재료를 넣고 버무린다. 입맛에 따라 소금을 추가한다.

memo

○

영양 지식

비타민의 보고로 불리는 부추에는 비타민A, B1, B2, C가 풍부합니다. 부추 특유의 매콤한 맛은 양파나 마늘 등에 들어 있는 알리신 성분 때문인데요, 이것은 소화를 원활하게 하며 비타민B1 흡수를 돕지요. 예로부터 장염과 설사에도 효과적이어서 많이 섭취하던 채소예요. 본래 설탕과 고춧가루를 넣어 무치던 조리법과 달리 콩가루를 더해 고소한 찜으로 만들어보세요. 맛도 영양도 한층 업그레이드될 수 있게 건강한 단백질과 곁들여도 좋겠죠?

Burdock Japchae

○

우엉잡채

우엉은 짭짤한 양념과 잘 어울리는 재료이지요. 이런 특징을 이용해 우엉만 넣은 잡채를 만들어 보겠습니다. 당면을 빼고 먹는 게 어색하다면 소량의 당면을 넣어서 먹어본 뒤 점차 그 양을 줄여 가는 것도 좋은 방법입니다. 우엉 외에 다양한 채소를 활용해 색다른 조합에 도전해보세요. 건강하고 맛있는 잡채는 가벼운 반찬으로도 손색이 없습니다.

---

ingredient

우엉 100g
당근 60g
양파 1/4개
빨강 파프리카 1/8개
피망 1/4개
올리브오일 적당량
들기름 1큰술

양념

설탕 1큰술
간장 4큰술
꿀 1큰술
다진 마늘 1/2큰술

토핑

참깨 약간

1. 우엉, 당근, 양파는 껍질을 벗기고 5cm 길이로 채썬다. 빨강 파프리카와 피망은 심과 씨를 제거하고 5cm 길이로 채썬다.
2. 볼에 모든 양념 재료를 넣고 설탕이 녹을 때까지 잘 젓는다.
3. 달군 팬에 올리브오일을 두른 뒤 채썬 우엉을 넣고 5분간 볶는다. 양념을 1/4 정도 넣고 5분간 더 볶은 뒤 그릇에 덜어 식힌다.
4. 달군 팬에 올리브오일을 두른 뒤 채썬 당근과 양파를 넣고 5분간 타지 않게 볶는다. 양념을 1/4 정도 넣고 3분간 더 볶은 뒤 그릇에 덜어 식힌다.
5. 달군 팬에 올리브오일을 두른 뒤 채썬 빨강 파프리카와 피망을 넣고 3분간 볶는다. 양념을 1/4 정도 넣고 2분간 더 볶는다.
6. 볶은 빨강 파프리카와 피망에 볶은 우엉, 당근, 양파를 다시 넣고 골고루 잘 섞는다. 입맛에 따라 남은 양념을 추가한다.
7. 불을 끄고 들기름을 두른 뒤 잘 섞는다.
8. 그릇에 우엉잡채를 담고 토핑을 올린다.

memo

○

참고 사항

○ 설탕과 꿀은 입맛에 따라 가감하거나 올리고당, 코코넛 슈가로 대체해도 됩니다.

영양 지식

우엉의 주성분인 이눌린은 '천연 인슐린'이라 불리는 수용성 식이섬유로 혈당 관리에 도움이 되며 신장 기능을 높여 이뇨작용을 도울 뿐만 아니라 장내 유익균을 활성화시키는 데 도움이 됩니다. 또한 리그난의 일종인 아크티인 성분은 항암효과가 있다고 보고되기도 했지요. 우엉잡채는 다양한 색깔의 채소와 조리해 여러 파이토케미컬을 함께 섭취할 수 있어 건강한 한 끼로 추천하는 메뉴입니다.

Sesame-Crusted Tofu

참깨크러스트두부구이

평범한 두부구이가 조금 심심하게 느껴질 때 고소함과 바삭한 식감을 더해 먹을 수 있는 레시피입니다. 빵가루에 참깨와 검은깨를 섞어 향과 색감을 더했는데요, 촉촉한 두부에 잘 묻어나기 때문에 평소처럼 부치기만 하면 완성되는 간편한 반찬입니다.

---

ingredient

두부 1모
옥수수 전분가루 2큰술
달걀 1개
빵가루 1큰술
참깨 2큰술
검정깨 1큰술
올리브오일 약간
소금 약간
후추 약간

양념장

마늘 1/2쪽
간장 1큰술
레몬즙 1큰술
올리고당 1/2큰술
고춧가루 1/4작은술
다진 실파 1작은술

memo

1 두부는 길게 2등분한 뒤 1.5cm 두께로 썰고 물기를 뺀다. 마늘은 곱게 다진다.

2 그릇에 옥수수 전분가루, 소금, 후추를 넣고 잘 섞는다. 다른 그릇에 달걀을 깨고 잘 풀어 달걀물을 만든다. 다른 그릇에 빵가루, 참깨, 검정깨를 넣고 잘 섞는다.

3 물기 뺀 두부를 옥수수 전분가루, 달걀물, 빵가루 순으로 옷을 입힌다.

4 달군 팬에 올리브오일을 두른 뒤 두부를 넣고 2~3분간 앞뒤로 노릇노릇하게 굽고 키친타월에 올려 기름기를 뺀다.

5 볼에 곱게 다진 마늘을 포함한 모든 소스 재료를 넣고 잘 섞는다.

6 그릇에 참깨크러스트두부구이를 담고 양념장을 곁들인다.

영양 지식

참깨 속 세사민 성분은 나쁜 콜레스테롤이 혈관 내 침착하는 것을 억제하고 혈관 탄력도를 높여줍니다. 우리 몸에 유해한 활성산소를 억제하고 각종 유해 물질을 제거하는 등 항산화 작용이 뛰어나지요. 특히 깨 지방질의 40%는 올레산으로 이루어져 있어 대장암을 예방한다고 알려져 있습니다. 그 맛을 잘 느낄 수 있게 원재료에 깨를 묻히거나 참깨를 듬뿍 넣은 간장 양념을 적극 활용해보아요.

Crispy Smashed Broccoli and Potato

브로콜리알감자납작구이

알감자와 같은 식재료를 겉은 바삭, 속은 촉촉하게 조리하고 싶다면 한 번 익힌 뒤 납작하게 눌러서 굽기도 하지요. 브로콜리도 이 조리법을 따라서 부드럽게 익힌 후 납작하게 으깨고 소스에 버무려 오븐이나 에어프라이어에 구워보면 어떨까요. 아마 브로콜리를 싫어하는 분도 브로콜리 애호가가 될 거예요.

---

ingredient

브로콜리 1통
알감자 8개
레몬 1/2개
마늘 2쪽
파르메산 치즈(고체) 1개
올리브오일 스프레이 적당량
레드 페퍼 플레이크 약간
소금 약간
후추 약간

memo

1. 브로콜리는 한입 크기로 송이를 나눠 자른다. 알감자는 껍질째 깨끗하게 씻는다. 레몬은 껍질을 갈아 제스트를 만든다. 남은 레몬으로 즙을 짠다. 마늘은 곱게 다진다.
2. 냄비에 물, 소금을 넣고 끓인다. 물이 끓으면 알감자를 넣고 5분간 삶은 뒤 브로콜리를 넣고 4분간 삶는다.
3. 삶은 알감자와 브로콜리를 건져내고 물기를 뺀다. 냄비나 그릇 바닥으로 삶은 알감자와 브로콜리를 꾹 눌러 으깬다.
4. 볼에 으깬 알감자와 브로콜리, 곱게 다진 마늘, 레몬 제스트를 넣고 파르메산 치즈를 1/3컵 분량 갈아 넣는다. 올리브오일 스프레이로 올리브오일을 뿌린 뒤 레드 페퍼 플레이크, 소금, 후추로 간하고 조심스럽게 버무린다.
5. 180℃로 예열한 에어프라이어에 버무린 알감자와 브로콜리를 넣고 5분간 구운 뒤 뒤집어 5분간 더 굽는다.
6. 그릇에 브로콜리알감자납작구이를 담고 레몬즙, 파르메산 치즈를 갈아 뿌린다.

영양 지식

브로콜리에 들어 있는 셀레늄, 인돌화합물 등의 성분은 유방암, 대장암, 폐암 등 항암 효과가 뛰어납니다. 최근 브로콜리, 양배추와 같은 십자화과 채소들이 강력한 항암 효과를 가진다 밝혀져 더욱 큰 인기를 끌고 있지요. 브로콜리 줄기에는 영양가가 많고 식이섬유 함량이 높으니 버리지 말고 잘 보관해 두었다가 볶음밥이나 반찬, 스무디에 들어가는 식재료를 활용해도 좋습니다.

Hasselback Carrots

○

아코디언당근구이

감자나 고구마처럼 굵고 단단한 뿌리채소는 한입 크기로 잘라야 조리하기 편해요. 하지만 채소를 완전히 자르지 않고 아코디언 모양으로 깊게 칼집을 넣어 굽는다면 채소 속까지 골고루 양념이 밸 수 있고 조리 시간도 단축할 수 있어요. 당근과 잘 어울리는 소스를 만들어 맛있게 당근을 먹어보세요.

---

ingredient

당근(소) 4~5개(500g)
올리브오일 적당량
소금 약간
후추 약간

양념

오렌지 1개
사과식초 1큰술
꿀 1큰술
소금 약간
후추 약간

토핑

굵게 다진 파슬리 약간

memo

○

1 당근은 껍질을 벗기고 아코디언 모양으로 칼집을 낸다. 이때 당근 옆에 젓가락을 하나씩 붙여 놓고 칼집을 내면 당근이 완전히 잘리지 않는다.

2 오븐 트레이에 칼집낸 당근, 올리브오일을 넣고 소금, 후추로 간한 뒤 골고루 버무린다. 쿠킹 포일로 오븐 트레이를 감싼 뒤 180℃로 예열한 오븐에서 1시간 정도 굽는다.

3 볼에 오렌지를 짜서 즙을 담고 나머지 모든 양념 재료를 넣은 뒤 잘 섞는다.

4 구운 당근에 양념을 넣고 골고루 버무린 뒤 오븐에 넣고 10분간 더 굽는다.

5 그릇에 아코디언당근구이를 담고 토핑을 올린다.

참고 사항

○ 당근에는 단맛이 나는 식초가 잘 어울려요. 사과식초가 없다면 와인식초를 사용해도 됩니다. 단맛을 적게 내고 싶다면 백식초나 현미식초를 써도 좋습니다.

영양 지식

당근은 베타카로틴과 같은 항산화 성분이 풍부한 식재료로 면역력을 높이고 세포 손상을 예방하는 데 도움이 되지요. 당근만 섭취해도 충분한 효과가 있지만, 오렌지 소스를 곁들이면 맛과 효과를 더욱 높일 수 있습니다. 시트러스계열의 과일은 수분이 많고 비타민C, 식이섬유, 펙틴, 플라보노이 등이 풍부해요. 아코디언 당근구이로 눈도 입도 즐거운 한 끼를 차려보세요.

Part 4

심심한 입과
허전한 배를 채우는
디저트&간편식

Vegetables & Fruits Recipe

채소·과일식의 궁금증을 해소하는 Q&A

Q. 주스(채소·과일 주스)가 혈당 스파이크를 유발시킨다는 게 정말인가요?

오랫동안 아침에 일어나면 물을 마신 다음 집을 나서기 전에 주스를 마셨어요. 그런데 요즘 주스로 첫 식사를 하면 혈당 스파이크가 온다는 얘기를 들었어요. 오전에 주스를 마셔도 될까요?

A. 혈당 마케팅을 유의해야 합니다.

'조승우 한약사 예방원' 유튜브 채널을 포함에 제 강연 영상들 댓글에 오랫동안 먹어온 당뇨약과 고지혈증, 혈압약 등을 끊고 혈당 수치가 안정되었다는 댓글을 쉽게 찾아볼 수 있습니다. 혈당에 대한 공포 불안 마케팅을 이해해야 합니다.

채소·과일 주스 중에는 첨가물이 들어간 주스가 있습니다. 이것 말고 자연 그대로 착즙한 주스는 혈당 스파이크를 걱정하지 않아도 됩니다. 채소와 과일의 영양소를 가장 효과적으로 섭취할 수 있는 건 주스나 스무디 형태입니다. 제가 운영하는 네이버 '조승우 채소과일식' 카페의 글이나 기존에 제가 출간한 책을 보면서 혈당에 대한 두려움에서 벗어나기를 진심으로 바랍니다. 주스를 두려워해서는 절대 당뇨에서 완치될 수 없다는 점을 꼭 기억하세요.

Q. 동결건조 과일을 먹어도 될까요?

요즘 아이들 사이에서 동결건조 과일 간식이 유행이에요. 동결건조된 딸기는 너무 시큼한데 아이는 참 좋아하더라고요. 그런데 동결건조하면 당이 높아지는 거 아닌가요? 계속 줘도 될까요?

A. 과자, 음료수보다 동결건조 과일을 추천합니다.

비염과 아토피가 심한 아이들에게 가장 먼저 끊으라고 하는 것이 젤리, 과자, 아이스크림, 유제품 등입니다. 음식이라고 할 수도 없는 인공색소와 유화제 그리고 가짜 우유, 초콜릿, 설탕, 싸구려 기름, 각종 화학첨가제 등이 합쳐진 것이죠. 일부 부모는 유아기 아기들에게 가공식품을 간식으로 줍니다. 유치원만 들어가도 마라탕과 탕후루를 먹습니다. 아이가 잘 먹고, 달라고 떼를 쓰고, 손에 쥐어주면 조금이라도 쉴 수 있으니 일부 부모님은 아이스크림과 과자의 유해성에 눈을 감게 됩니다. 콜라와 치킨, 사이다와 피자, 우유와 빵은 편식이 심한 아이에게 '치트키 음식'으로 계속 주게 되지요.

그 어떠한 가공식품보다 동결건조 과일이 몸에는 이롭습니다. 설탕보다 200~300배 강한 인공 감미료들이 아이들이 즐겨 먹는 가공식품들에 쓰입니다. 소아 당뇨라는 말은 정확한 지칭은 아닌데요. 유전적인 질환이 아닌 경우 1형 당뇨로 진단되었다가 10대를 지나면서 사라지는 경우가 많습니다. 이는 인공 당과 과도한 육류 섭취로 인해 췌장의 기능이 망가져 인슐린 호르몬에 문제가 생겼다가 점점 회복하는 경우입니다. 아이가 과자와 빵보다 동결건조 과일을 좋아한다면 감사한 일입니다. 다른 가공식품들과 섞어 먹지 않도록 유의하면 자연스럽게 적정량을 먹게 되니 너무 걱정하지 않으셔도 됩니다.

Q. 급냉한 과일에도 영양소가 들어 있을까요?

어느 외국 인플루언서가 말하길 수확해서 바로 얼린 급냉 과일이 실온에 있던 과일보다 더 신선하고 당도도 높다 하더라고요. 이 말이 정말인지 궁금합니다.

A. 잘 익은 과일을 냉동해도 영양소는 손실되지 않습니다.

대표적인 냉동 과일은 베리류로, 차가운 형태이기 때문에 스무디로 만들어 먹으면 정말 맛있죠. 저는 아침에 일어나면 모닝 커피 대신 냉동 과일이나 채소로 만든 스무디를 적극 권장합니다. 이 책에서 다양한 스무디 레시피를 넣은 것도 이런 이유입니다.

인간의 아주 오랜 시간 채소와 과일을 통해 영양섭취와 에너지를 얻어왔습니다. 냉장고가 상용화되기 전부터 말이지요. 요즘 시장이나 마트에서 볼 수 있는 과일은 익기 전에 먼저 따서 유통 과정 중에 후숙을 시키는 과일이 많지요. 이는 충분히 잘 익은 과일을 따서 급냉한 것과 영양과 맛 면에서 약간의 차이가 있습니다. 2015년 〈Journal of Food Science〉에는 후숙한 과일은 자연 상태에서 익은 과일보다 비타민C 함량이 10~30% 낮을 수 있다는 연구를 게재했습니다. 급냉하지 않아도 잘 익은 과일을 먹으면 비타민을 충분히 흡수할 수 있으니 참고하기 바랍니다.

Q. 채소·과일식을 하는데 포만감이 느껴지지 않아요. 배부르게 더 먹어도 될까요?

채소·과일식을 하면 소화가 빨리 되는 편이에요. 배부르게 먹은 것 같아도 조금 지나면 배가 고파지니 자꾸 간식을 찾게 됩니다. 양을 늘리거나 포만감이 들게 더 먹어야 할까요?

A. 가짜 허기와 진짜 허기를 구분해야 합니다.

육류나 다양한 가공식품은 소화가 매우 오래 걸립니다. 이는 자칫 포만감으로 느껴질 수 있지요. 또한 불필요한 소화 에너지가 쓰이게 되어 자꾸 가짜 허기를 느끼게 됩니다.

채소·과일은 소화 에너지가 적게 들어 이로 인해 배가 빨리 꺼진다고 착각하게 됩니다. 처음 채소·과일식을 하면 이런 현상 때문에 힘이 드는데요, 2주 정도만 잘 이겨내면 됩니다.

간식이 필요하다면 통곡물, 견과류, 바나나를 활용해 보기 바랍니다. 공복에 바나나를 먹지 말라는 말이 있는데 이는 가짜 정보이니 끊어내기 바랍니다.

Q. 채소·과일식을 시작하고 나서 음식에 자꾸 검열을 하게 돼요. 어떻게 해야 할까요?

채소·과일식을 시작하고 건강을 회복했어요. 그런데 빵이나 과자가 생각날 때가 있어서 가끔 먹는데요. 내가 이걸 먹어도 되나 싶어 심리적으로 위축이 됩니다. 마음이 좀 괜찮아진 후에 다시 시작해도 될까요?

A. 나에게 맞게 식단을 짜면 됩니다.

충분히 그럴 수 있습니다. 자책하실 필요가 전혀 없습니다. 당연한 거니깐요. 가공식품을 평생 끊고 산다는 건 정말 어려운 일입니다. 채소·과일식을 통해서 건강을 회복했다는 것은 나만의 방법을 터득했다는 것을 뜻하기도 합니다. 저는 이것을 7대 3의 법칙으로 이야기합니다. 채소·과일식 통곡물 견과류를 7로 동물성 식품, 가공식품, 약물, 영양제 등을 3으로 놓는 것입니다. 만약 삼시 세끼 중 아침은 채소·과일로 시작했을 때 30일 기준으로 가공 식품을 먹을 수 있는 횟수는 60끼입니다. 이 60끼니 중에 내 상황에 맞춰 8대 2 또는 9대 1, 온전히 채소 과일을 7로 통곡물 견과류를 3으로 하는 기간을 가져나가면 됩니다. 강박과 집착에서 벗어나 지속가능한 방법으로 즐겁게 실천해 나가시길 응원합니다.

Q. 채소·과일식만으로 필수 영양소를 섭취할 수 있을까요?

영양소를 골고루 챙겨 먹으려고 노력하는 중인데요. 이 식단만으로 단백질, 철분, 오메가3를 섭취할 수 있을까요? 영양제를 따로 먹어야 하는지도 궁금해요.

A. 마케팅용 건강 상식 정보를 가려내야 합니다.

우리가 대표적으로 잘못 알고 있는 건강 상식은 '채소·과일식(통곡물, 견과류 포함)만으로는 영양섭취가 불균형하여 성장이나 건강을 유지하는데 부족하다는 것'입니다. 이미 현대 과학에서는 채소 과일식만으로 모든 영양소 섭취가 가능하다고 밝혔습니다. 개인마다 처한 환경에 따라 필요한 먹는 양이 달라질 뿐이지요. '육류 산업이 발달할 때는 채식만으로는 충분한 영양소를 섭취할 수 없다', 영양제 산업이 발달할 때는 '채소·과일식만으로 충분한 영양소를 섭취할 수 없다'며 식품 마케팅을 펼쳐왔습니다. 개발도상국, 선진국을 떠나 지구 역사상 영양제가 등장한 것은 100년이 되지 않습니다.

가공식품이 등장하면서 세계적으로 비건, 채식, 프룻테리언(과일)이 늘어나고 있습니다. 어떠한 가정은 사과만 먹으면서 자녀를 키우는 사례도 있을 정도이니 말이죠. 여러분이 생각하는 것처럼 필수 영양소는 많은 음식이 필요하지 않습니다. 오메가3 섭취를 위해 생선을 먹어야 했다면 아프리카에서부터 시작된 우리 인류는 진작에 멸종했을테지요. 판매를 위한 마케팅용 건강 정보는 가려야 합니다. 우리가 아픈 이유는 필수 영양소 섭취가 부족해서가 아닌 주식인 채소·과일을 멀리하고 먹지 말아야 할 가공식품들과 화학제품들을 매일 섭취하기 때문입니다. 세계보건기구에서는 하루 평균 500g의 채소·과일을 먹으라고 권장하지만 이것 역시 개인마다 다릅니다. 두려움과 불안을 떨치고 내 몸과 마음을 믿고 가벼운 마음으로 시작해보기 바랍니다.

Q. 채소·과일식을 시작한 이후로 속이 더부룩하거나 가스가 차는 느낌을 받습니다. 해결법이 있나요?

고기를 먹을 땐 더부룩하다거나 가스가 많이 나온다는 느낌을 받지 못했는데, 이 식단을 시작하면서 자꾸 가스가 나와요. 채소·과일식이 소화 기관에 어떤 영향을 주는지 궁금합니다.

A. 독소가 배출되는 자연스러운 현상입니다.

가공식품에 익숙해져 있다가 채소·과일식을 시작하면 위와 장에 쌓여 있던 독소가 배출되기 시작합니다. 살아 있는 효소들의 자극으로 인해 위가 더부룩하거나 장에 남아 있던 찌꺼기들이 가스로 배출되는데요. 지극히 자연스러운 현상들이니 2주 정도만 꾸준히 실천하면 불편함이 사라질 겁니다.

불편감으로 이 식단을 유지하는 게 어렵다면 완벽하게 삼시 세끼 채소·과일식을 하는 것보다 천천히 몸이 적응해가는 시간을 가지는 게 좋습니다. 채소와 과일을 체질에 맞추어 접근하는 방법은 권하지 않습니다. 다양하게 먹어가는 과정 중에 편하게 먹을 수 있는 것들을 자연스럽게 찾아나가길 바랍니다.

Q. 무농약, 유기농 채소·과일이 제 몸과 환경에 이로울까요?

몸을 생각하다 보니 자연스럽게 환경에 관심이 가고 있어요. 농작물을 살 때도 유기농, 무농약, 친환경 이런 마크가 붙은 제품을 사는 게 이로운 건지 궁금합니다.

A. 지구에 무해한 것이 우리에게도 무해한 것입니다.

거대한 육류 소비를 충족시키기 위해 사육된 동물들. 그로 인한 피해는 우리가 생각하는 것 이상입니다. 이 기준으로 볼 때 지구 기온 상승도 우리의 책임이 분명합니다. 채소·과일식을 한다는 것은 내 몸과 함께 지구 건강도 회복시킨다는 것을 명심해주세요. 아울러 유기농 친환경 제품에 관심을 가지고 소비를 하는 일은 나의 먹거리를 넘어 생산자에게도 환경의 중요성을 일깨우는 계기가 될 것입니다.

Q. 채소·과일식으로 다이어트를 하면 탈모가 오나요?

다이어트를 하면 탈모가 온다고 하잖아요. 채소·과일식도 여기에 영향을 주는지 궁금해요. 다이어트를 할 때 탈모를 피하고 싶다면 어떤 식품을 먹어야 하는지도 알려주세요.

A. 혈액순환을 원활히 하여 두피로 가는 혈액량을 늘리는 게 중요합니다.

탈모는 많은 분의 관심사입니다. 탈모에는 복합적인 원인이 작용합니다. 기본적으로 탈모를 예방하려면 혈액순환이 원활하여 에너지 공급과 림프 시스템으로 인한 독소 배출이 활발하게 이루어져야 합니다. 따라서 다이어트용 기능식품이나 약물에 의존하지 말고 채소·과일식을 통해 적정 체중을 찾는 다이어트를 권합니다.

채소·과일식을 하면서 탈모가 좋아졌다는 것은 건강이 회복되었다는 걸 뜻합니다. 또한 특정 기능성 샴푸나 맥주 효소 영양제 대신 과도한 염색과 파마부터 피해야 합니다. 이 책에 나온 요리들을 다양하게 접하면서 건강한 다이어트로 탈모 고민까지 해결하길 응원합니다.

Q. 일 때문에 식사 시간이 일정하지 않아서 생체리듬에 맞춰 간헐적 단식을 할 수 없어요. 어떻게 하면 좋을까요?

저는 교대근무를 하고 있어요 보통 자는 시간에 깨어 있다 보니 몸이 항상 피곤한 것 같아요. 거기에 식사시간이 일정하지도 않고, 밥을 먹어도 주로 밤이나 새벽에 먹다 보니 배달 음식이나 간식으로 끼니를 때우게 됩니

다. 체중이 많이 늘어서 채소·과일식을 하려는데 식사 시간과 공복 시간을 어떻게 조정하면 좋을까요?

A. 기상 후, 취침 전에 채소·과일식으로 간헐적 단식과 식단을 짜세요.

일반적으로 24시간을 '3대 주기'로 나눕니다. 낮 12시부터 저녁 8시가 섭취 주기, 저녁 8시부터 새벽 4시까지가 동화 주기, 새벽 4시부터 낮 12시까지가 배출 주기입니다. 이에 맞춰 간헐적 단식은 16대8로 동화와 배출 주기에 섭취를 제한하는 것이죠. 이때 동화 주기, 배출 주기에는 물조차도 제한해야 된다는 강박은 버리기 바랍니다. 핵심은 채소·과일식으로 하루 시작을 하자는 것이죠. 2교대나 3교대 근무자도 환경에 따라 생활하면 됩니다. 우리 인간의 몸은 그만큼 위대합니다. 문제는 가공식품을 꾸준히 먹으니 독소가 배출되는 속도보다 쌓이는 속도가 빨라지기 때문에 살도 찌고 아프기 시작하는 것입니다. 기상 후와 취침 전에는 최대한 채소·과일식을 한다는 생각으로 실천해가기 바랍니다.

Q. 갱년기 영향으로 불면증이 왔어요. 채소·과일식과 간헐적 단식을 어떻게 해야 할까요?

갱년기 영향으로 불면증이 찾아왔습니다. 주로 밤과 새벽에 열이 나서 잠을 이룰 수가 없더라고요. 그러다 보니 동틀녘에 2~3시간, 길면 4~5시간 정도 자는 게 전부더라고요. 바꾸려고 해도 바꿀 수 없는 수면 패턴으로 하루하루가 피곤하고 힘듭니다. 채소·과일식과 더불어 갱년기에 도움이 되는 수면 루틴이나 일과가 있을까요?

A. 불면증을 갱년기 영향이라고만 생각하지 마세요.

우선 달라진 건강 상태를 갱년기 때문이라며 당연하게 여기지 않았으면 합니다. 갱년기 때문에 불면이 왔다면 인간은 살아남지 못했을 것입니다. 불면증이 있다면 가장 먼저 커피를 먹고 있는 건 아닌지 또는 카페인이 들어간 기타 음식이나 가공식품을 많이 섭취하는 건 아닌지 확인하기 바랍니다.

먹는 것이 가장 큰 영향을 끼친다는 생각으로 가공식품의 비중을 줄여나가기 바랍니다. 채소·과일식을 하고 나서 그 어떤 약이나 기능식품으로 해결이 되지 않던 불면증이 개선되었다는 피드백이 많습니다. 너무 피곤해도 잠이 못 들기도 합니다. 과도한 운동은 피하고 낮잠도 20~30분 내외로 자면서 수면 패턴을 만드는 것도 방법입니다.

하루에 7~8시간 정도 통잠을 자야 한다는 강박에서 벗어나야 합니다. 특히 여성들은 임신과 출산, 육아를 하면서 규칙적인 수면 패턴을 이어오지 못했습니다. 건강 중에서도 수면에 대한 정보들이 도리어 내 몸에 문제가 있다고 인식하게 만들고 악순환이 됩니다. 기본적으로 먹는 것부터 채소·과일식으로 하면 수면은 충분히 해결됩니다. 수면 패턴이 안정화되고 나면 그때부터 활동 시간에 맞는 식단과 공복 시간을 가지세요. 지금은 무엇보다 자신의 몸과 마음을 믿는 게 중요합니다.

Q. 밤 시간(배출 시간)에 해독 기능을 최대화하기 위해서 저녁에 피해야 할 음식이 있나요?

간헐적 단식을 하면서 몸이 점점 가벼워짐을 느낍니다. 해독 효과, 배출 효과를 더 강하게 느끼고 싶은데요 할 수 있는 루틴이나 먹어야 할 것, 먹지 말아야 할 것이 있나요?

A. 소화가 느리고 카페인이 높은 음식은 피하세요.

이상하게도 같은 음식을 먹어도 낮에 먹는 것보다 밤에 야식으로 먹는 게 더 맛있게 느껴집니다. 아마도 치킨과 맥주, 피자와 콜라처럼 술과 같이 먹어서일지도 모릅니다. 하지만 이는 소화 속도가 느려 쉬어야 할 장과 간이 밤새 움직이게 만듭니다. 그러면 몸이 충분히 쉬지 못한 상태로 아침을 맞이해야 하지요. 마찬가지로 육류 식품도 저녁에는 피해야 하나 회식이나 약속이 있으면 먹을 수밖에 없지요. 그럴 땐 적당히 먹되 다음날은 가볍게 식사를 하면 좋습니다. 커피도 피해야 합니다.

Q. 아침은 배출 시간이라고 하는데 공복을 지켜야 하는 게 아닌가요?

배출 시간에 공복을 지키고, 정오가 지나서 식사를 해야 하나요? 원활한 배출을 위해 과일을 섭취하는 게 좋을까요?

A. 과일로 아침을 시작하세요.

소화 에너지가 가장 적게 드는 것이 과일입니다. 요즘 아침에 과일을 먹으면 당이 바로 간에 흡수되어 지방간과 인슐린 저항성을 가져온다는 단편적인 건강 정보가 많습니다. 우리가 과일을 먹을 때는 단순히 과당이나 포도당만 먹는 게 아닙니다. 수백 종류의 비타민과 무기질 미네랄이 유기적으로 작용하면서 우리의 간과 콩팥이 잘 사용되게 돕습니다. 채소 과일식을 통해 현재의 호모 사피엔스가 있다는 사실을 기억해주세요. 우리 인류가 이토록 풍요롭게 먹으며 지낸 시절은 불과 백 년에 불과합니다. 하루아침에 아침 식사를 제한하는 것보다 가볍게 스무디나 착즙 주스로 시작하면서 사과나 바나나를 먹는 게 좋습니다. 공복에 영양제를 수십 알 챙겨 먹는 것보다 훨씬 더 몸에 좋은 효과를 가져다줄 거예요.

Q. 사회 생활을 하면서 채소·과일식을 유지하기 힘들어요. 작가님의 노하우를 알려주세요!

회사 생활을 하다 보니 점심도 나가서 사 먹고 회식도 자주 있습니다. 가족끼리 외식이나 여행도 가고 친인척이 모이는 자리도 자주 갖는데요. 그러다 보니 모두의 밥상을 위해서 제가 먹을 건 별로 없어지더라고요. 이 순간을 작가님은 어떻게 극복하는지 궁금합니다.

A. 유연하게 대처하는 게 지속 가능한 식단을 유지하는 비결입니다.

저 역시 완벽한 비건이나 채식주의자가 아닙니다. 7대 3의 법칙 내에서 자유롭게 먹습니다. 다 함께 있을 때는 주로 고기집을 자주 가게 되는데요, 메인인 고기를 많이 먹기보다는 반찬들과 된장찌개, 김치찌개, 쌈 채소, 비빔밥 등에 더 젓가락을 많이 가져가길 바랍니다. 무엇을 많이 먹는냐는 결국 내 선택의 문제입니다. 상황 자체에 스트레스를 받지 말고 유연하게 대처하세요. 혼자 있을 때 다시 채소·과일식을 하여 해독을 해주면 된다는 여유를 가지고 실천해나가길 바랍니다. 그렇게 하면 8대 2, 9대 1의 비율까지도 자유롭게 조절해나갈 수 있습니다.

Q. 저희 아이에게 채소·과일식을 권하는데 너무 싫어해요. 어떻게 하면 좋을까요?

아이의 건강을 위해서 몸에 좋은 걸 먹이고 싶은데 편식이 너무 심합니다. 어떻게 하면 좋을지 고민이에요.

A. 아이가 알아갈 때까지 천천히 다양한 방법을 시도해보세요.

아이들은 억지로 하면 역효과가 납니다. 이 책에 실린 다양한 레시피들을 만들어서 주세요. 입맛에 맞고, 맛있게 먹는 음식이 있다면 어떤 맛, 어떤 재료를 사용했는지 살펴보고 비슷한 음식을 만들어주기 바랍니다. 특히 스무디나 착즙 주스를 통해 아이스크림이나 과자 대신 간식으로 먹게 습관을 만들어주면 좋습니다. 건강하고 깨끗한 자연 단맛의 중요성에 대해 지속적인 교육도 필요합니다. 이를 위해서 부모님은 배달 음식이나 탄산음료 등을 제한해주세요. 그리고 온 가족이 함께 채소·과일식을 하여 아이가 이런 식탁에 익숙해지게 만들어주세요. 꾸준히 노력하면 아이도 받아들이고 무첨가 채소·과일만큼 아이들에게 좋은 음식은 없다는 걸 알게 될 겁니다.

Part 4. Desert&ETC.

견과류김부각 ○ 두부초콜릿무스 ○ 병아리콩팝콘 ○ 사과땅콩버터바이트
○ 은행페퍼론치노볶음 ○ 주키니스틱튀김

건강한
일탈 간식
Dessert

좋은 간식은 공복을 해소하고 식사로 섭취하기 힘든 영양소를 추가로 공급하는 역할을 하지요. 간식을 배제하려 하지 말고 몸에 좋은 메뉴를 선택하는 쪽으로 생각을 바꿔보세요. 해로운 첨가물이 없는 건강한 일탈 간식을 소개합니다.

tip. 디저트는 2인분 분량으로 표기했습니다.

· 미리 준비 ·

입이 심심할 때 건강한 간식이 준비되어 있다면 자극적인 메뉴를 선택하지 않을 수 있어요. 과일과 채소 등을 손질해서 냉장고에 보관하거나 견과류를 손에 잘 닿는 곳에 두고 활용할 수 있도록 해야 합니다.

· 건강한 대체품 ·

과자를 대체할 수 있는 조리법을 찾는 것도 건강한 생활을 하는 데 즐거움이 됩니다. 설탕과 지방 대신 두부를 섞어서 초콜릿무스를 만들거나 좋아하는 양념을 병아리콩에 묻혀 팝콘을 만들어보세요. 낮은 칼로리로 맛있게 즐길 수 있으며 식단도 훨씬 건강해진답니다.

Nutty Seaweed Chips

견과류김부각

전통 김부각은 만드는 데 하루가 넘게 걸리는 정성이 많이 들어간 귀한 음식입니다. 여기서는 라이스페이퍼를 활용해 간단하고 맛있는 김부각을 만들어 보겠습니다. 다양한 견과류를 넣어 풍부한 맛도 살리고 건강도 챙겨보세요.

ingredient

김밥용 김 10장
아몬드 슬라이스 50g
참깨 1큰술
땅콩 1큰술
라이스페이퍼 10장
따뜻한 물 3컵
튀김용 기름 적당량
소금 약간

1 김밥용 김을 적당한 크기로 자른다.

2 볼에 아몬드 슬라이스, 참깨, 땅콩을 넣고 가볍게 다진다.

3 자른 김밥용 김을 펼쳐 놓고 다진 아몬드 슬라이스, 참깨, 땅콩이 골고루 올라가도록 뿌린다.

4 따뜻한 물에 라이스페이퍼를 10초간 담그고 다진 견과류 위에 올린 뒤 10분간 말린다.

5 냄비에 튀김용 기름을 붓고 온도가 180℃가 될 때까지 가열한다. 가열한 기름에 말린 김을 넣고 빠르게 앞뒤로 튀긴다.

6 튀긴 김부각을 키친타월에 올려 기름기를 뺀 뒤 소금으로 간한다.

memo

영양 지식

견과류에는 비타민과 칼륨, 엽산, 오메가3와 오메가6 등 다양한 영양소가 풍부해 매일 1줌씩 챙겨 먹으면 건강에 도움이 됩니다. 아몬드에는 비타민E가 풍부해 노화 방지에 효과적이며 견과류 중 가장 많은 식이섬유를 가지고 있습니다. 땅콩은 불포화지방산이 많아 콜레스테롤 개선에 탁월합니다. 이처럼 견과류마다 효능이 다르니 고루 섭취하세요.

Silken Tofu Chocolate Mousse

○

두부초콜릿무스

디저트에 두부가 들어간다면 맛이 없을 것 같다는 선입견이 생길 수 있습니다. 하지만 초콜릿과 꿀을 넣는다면 이야기가 달라지겠죠. 초콜릿과 꿀의 양은 기호에 따라 조절해주세요. 두부초콜릿무스는 냉장고에 보관하면 단단해지지만 실온에 잠시 두면 부드러운 질감으로 돌아옵니다.

ingredient

다크 초콜릿 100g
연두부 300g
꿀 2큰술

토핑
얇게 다진 다크 초콜릿 약간
체리 약간

1 다크 초콜릿은 곱게 다진 뒤 내열용 용기에 담는다. 전자레인지에 30초간 돌리고 잘 휘저어준다. 덩어리가 있으면 다시 30초간 돌리고 휘젓기를 반복해 다크 초콜릿을 모두 녹인 뒤 한 김 식힌다.

2 믹서에 연두부, 꿀을 넣고 곱게 간다.

3 볼에 곱게 간 연두부, 녹인 다크 초콜릿을 넣고 잘 섞는다.

4 유리잔이나 라메킨에 두부초콜릿무스를 담고 30분간 냉장고에 넣어 식힌다.

5 먹기 직전에 토핑을 올린다.

memo

○

참고 사항

○ 다크 초콜릿은 설탕, 첨가물이 없는 것으로 선택하세요.

영양 지식

코코아 함량이 높고 당류는 적은 다크초콜릿은 항산화 물질인 플라보노이드, 폴리페톨, 카테킨이 풍부하지요. 특히 이 항산화 능력은 노화를 예방하며 뇌로 가는 혈류를 증가시켜 집중력을 높여주는 것으로 알려져 있지요. 실제로 이 물질을 꾸준히 섭취한 노인의 인지 기능이 섭취하기 전보다 개선되었다는 사례도 찾을 수 있습니다. 이렇게 맛있고 똑똑한 간식이라면 마다할 이유가 없겠죠?

HAPPINESS IS ENJOYING
THE LITTLE
DAY
Matinée

Chickpea Popcorn

병아리콩팝콘

다이어트의 가장 큰 적은 입이 심심할 때 무심코 먹게 되는 과자일 거예요. 그럴 때 탄수화물 함량이 낮은 병아리콩을 팝콘처럼 만들어 먹으면 어떨까요? 과자를 먹는 듯한 기분이 들 거예요. 만드는 법도 참 간단해요. 에어프라이어에 굽기만 하면 되니까요!

ingredient

통조림 병아리콩 1캔
올리브오일 적당량
파프리카가루 1/2큰술
소금 약간
후추 약간

1 통조림 병아리콩은 흐르는 물에 씻은 뒤 물기를 뺀다.

2 그릇에 병아리콩을 넓게 펼쳐 놓고 2~3시간 정도 말린다.

3 볼에 말린 병아리콩, 올리브오일을 넣고 파프리카가루, 소금, 후추로 간한 뒤 골고루 섞는다.

4 200℃로 예열한 에어프라이어에 병아리콩을 넣고 여러 번 뒤적이며 15분간 굽는다.

참고사항

- 올리브오일 스프레이를 활용하면 쉽게 오일을 바를 수 있어요.
- 파프리카가루는 생략해도 됩니다. 파프리카가루 외에 이탈리아 시즈닝, 시나몬 파우더 등 취향에 맞는 향신료를 추가해도 좋습니다.

영양지식

영화볼 때 없으면 아쉬운 팝콘. 하지만 특유의 달콤하고 짭조름한 맛을 내기 위해 다양한 시즈닝이 들어가서 건강에는 이롭지 않아요. 또한 고온·고압에서 가공되므로 당지수가 높아 섭취 시 혈당 수치를 급격히 높일 수 있습니다. 건강을 위해서 좋은 음식을 잘 챙겨 먹는 것도 중요하지만 주의가 필요한 음식은 피하고 병아리콩팝콘처럼 가급적 건강한 방법으로 대체하는 것이 중요하다는 걸 잊지 마세요.

memo

Apple Peanut Butter Bites

○

사과땅콩버터바이트

해외에서 즐겨 먹는 인기 간식으로는 땅콩버터를 바른 신선한 사과가 있습니다. 땅콩버터를 바른 사과가 익숙하지 않겠지만 한 번 먹어보면 아삭함과 고소함, 단맛과 상큼함이 어우러져 색다른 매력을 느낄 수 있습니다. 견과류와 말린 과일을 추가하면 손님 접대용 에피타이저나 간식으로도 손색없는 메뉴가 됩니다.

---

ingredient

사과 1/2개
땅콩버터 1컵

토핑
건포도 1큰술
건 크랜베리 1큰술
아몬드 슬라이스 2큰술
다진 호두 1큰술
다진 땅콩 1큰술
민트 잎 1작은술

memo

○

1 사과는 심을 제거하고 0.5cm 두께로 썬다.

2 사과에 땅콩버터를 펴 바른다.

3 그릇에 땅콩버터를 바른 사과를 담고 토핑을 올린다.

영양 지식

단백질과 불포화지방산이 풍부한 땅콩버터는 포만감이 상당해 과식을 막아주고 급격한 혈당 상승을 방지하여 인슐린 저항성을 낮출 수 있습니다. 하지만 1줌만 먹어도 밥 1공기 칼로리와 비슷해 그 양을 조절해줄 필요가 있지요. 또한 시중 제품에는 일부 설탕이나 다른 기름, 첨가물이 포함되어 있어 구매 시 성분표를 꼼꼼하게 보고 구매해야 합니다.

PLACES, PLEASE
the word list. The words from each
and they will read in all directions—
Words from different numbers
will be used more than once. We
the puzzle is completed, all the
Solution on page 151
PRESTO
10. HOE
HOT
HUE

Stir-Fried Ginkgo with Chili

○

은행페페론치노볶음

나도 모르게 자꾸 손이 가는 은행볶음. 이번에는 알리오올리오 스타일로 마늘과 고추를 활용해 매콤하고 고소하게 볶아 보았습니다. 마늘과 고추 향이 충분히 우러난 올리브오일을 은행에 묻혀보세요. 풍미가 가득 배어든 쫀득하고 고소한 맛을 느낄 수 있을 거예요.

---

ingredient

은행 20~30개
올리브오일 1큰술
마늘 1쪽
페페론치노 2개
소금 약간
후추 약간

1 은행은 속 껍질만 남기고 손질한다. 마늘은 얇게 저민다. 페퍼론치노는 굵게 다진다.

2 달군 팬에 올리브오일을 두른 뒤 저민 마늘을 넣고 약불에서 2분간 볶는다.

3 마늘 향이 나면 은행, 굵게 다진 페페론치노를 넣고 소금, 후추로 간한 뒤 중불에서 은행이 노릇노릇해질 때까지 볶는다.

memo

○

참고 사항

○ 페퍼론치노 대신 홍고추 1/2개를 송송 썰어 사용해도 됩니다.

영양 지식

은행의 징코플라본 성분은 혈액순환을 돕고 혈전을 없애 혈관 노화를 예방해줍니다. 또한 다량의 항산화 성분으로 활성산소를 억제해주며, 특히 레시틴과 아스파라긴산이 함유되어 있어 피로감을 호소하는 분들이 꾸준히 섭취하면 효과를 볼 수 있습니다. 단, 과다 섭취 시 복통이나 구토, 어지러움증을 유발할 수 있으니 식약처 권고대로 성인의 경우 하루 10알, 어린이는 2~3알 정도만 섭취하세요.

Zucchini Sticks

○

주키니스틱튀김

감자튀김처럼 바삭하고 짭짤한 간식을 원할 때 건강식으로 대체할 수 있는 주키니스틱튀김을 추천합니다. 튀김옷에 허브와 치즈를 섞어 간을 맞추면 향긋한 풍미를 더할 수 있습니다. 거기에 레몬 제스트를 뿌리면 상큼함이 더해져요. 비건두부마요네즈에 레몬즙과 다진 마늘을 섞으면 건강한 마늘마요네즈, 즉 '아이올리' 스타일의 소스가 완성됩니다.

---

ingredient

주키니 1개
밀가루 1/2컵
달걀 1개
빵가루 1컵
파르메산 치즈(가루) 2큰술
이탈리아 시즈닝 1큰술
올리브오일 스프레이 적당량
소금 약간
후추 약간

소스

마늘 1쪽
레몬즙 1/2 작은술
비건두부마요네즈(51쪽) 3큰술

토핑

이탈리아 시즈닝 약간

memo

○

1 주키니는 양쪽 꼭지를 자르고 굵은 감자튀김 크기로 길게 썬다. 마늘은 곱게 다진다.

2 얕은 그릇에 밀가루를 담는다. 다른 얕은 그릇에 달걀을 깨고 잘 풀어 준다. 다른 얕은 그릇에 빵가루, 파르메산 치즈, 이탈리아 시즈닝, 소금, 후추를 넣고 잘 섞는다.

3 길게 썬 주키니를 밀가루, 달걀물, 빵가루 순으로 튀김옷을 입힌다.

4 180°C로 예열한 에어프라이어에 튀김옷을 입은 주키니를 넣고 올리브오일 스프레이로 올리브오일을 뿌린 뒤 5분간 굽는다. 주키니를 뒤집고 5분간 더 굽는다.

5 볼에 곱게 다진 마늘을 포함한 모든 소스 재료를 넣고 잘 섞는다.

6 그릇에 주키니스틱튀김을 담고 토핑을 올린 뒤 소스를 곁들인다.

영양 지식

'돼지호박'이라고도 불리는 주키니는 애호박에 비해 비타민A가 풍부하고, 항산화 성분인 베타카로틴과 루테인, 식이섬유가 풍부해서 노화를 방지해줍니다. 또한 피부 건강과 시력을 지키는 데 도움이 됩니다. 굵게 잘라 에어프라이어로 튀기듯 구워주면 건강 간식으로 손색없지요.

Part 4. Desert&ETC.

녹차아보카도스무디&브로콜리바나나스무디 ○ 시금치파인애플스무디&허브사과스무디
○ 케일오렌지스무디&망고강황스무디 ○ 바닐라바나나스무디&복숭아요거트스무디
○ 블루베리치아씨드스무디&피나콜라다스무디 ○ CCACI주스&ABCC주스 ○ 베리베리스무디볼&커피에너지스무디볼
○ 아사이스무디볼&키위두유스무디볼 ○ 당근시나몬스무디볼

간편하게 먹고 마시는 스무디&스무디 볼

Smoothie&Smoothie Bowl

과일은 그냥 먹는 게 가장 좋지만, 달콤한 음료가 간절하다면 과일 스무디를 권해봅니다. 다양한 종류의 과일을 냉동해 두었다가 믹서에 갈면 그만이기 때문에 조리법도 무척 쉽지요. 달콤한 과일로 만드는 스무디는 간식으로 소량 드시는 걸 추천합니다.

tip. 주스, 스무디, 스무디 볼은 1인분 분량으로 표기했습니다.

· 그린 스무디 ·

그린 스무디는 잎채소로 만들어요. 스무디의 질감을 낼 수 있는 과일을 넣고 갈면 주스가 아닌 스무디의 맛이 날 거예요. 잎 채소는 고수, 파슬리, 깻잎 등 다양하게 활용할 수 있어요.

· 스무디 볼 ·

스무디를 되직하게 만든 스무디 볼을 소개합니다. 당도가 낮은 아사이볼로 만드는 스무디 볼이 가장 보편화된 형태인데요, 여기에 내 몸에 맞는 재료를 추가해 스무디 볼을 만들어보세요.

Green Tea Avocado Smoothie & Broccoli Banana Smoothie

○

녹차아보카도스무디 & 브로콜리바나나스무디

크리미한 질감이 매력적인 스무디를 손쉽게 만들 수 있는 레시피입니다. 아보카도는 잘 익은 것을 사용하는 것이 좋지만, 후숙하기 어렵다면 냉동된 아보카도 상품을 활용해도 괜찮습니다. 바나나는 껍질을 벗겨 한입 크기로 썰고, 브로콜리는 작은 크기로 송이를 나눠 잘라 데친 뒤 냉동 보관하면 바쁜 아침에도 간편하게 사용할 수 있습니다.

---

ingredient

냉동 아보카도 1개
냉동 바나나 1개
말차가루 1작은술
아몬드 밀크 1컵
땅콩버터 2큰술
꿀 1/2큰술

Prep. 아보카도는 반으로 자르고 과육만 빼내 한입 크기로 썬다. 바나나는 껍질을 벗기고 한입 크기로 썬다. 손질한 재료를 모두 얼린다.

1 믹서에 냉동 과일을 포함한 모든 재료를 넣고 곱게 간다. 입맛에 따라 아몬드 밀크와 꿀로 농도와 당도를 조절한다.

---

ingredient

냉동 브로콜리 50g
냉동 바나나 1개
두유 1/2컵
레몬즙 1/2큰술
꿀 1/2큰술
소금 약간

Prep. 브로콜리는 한입 크기로 송이를 나눠 자른다. 냄비에 물, 소금을 넣고 끓인다. 물이 끓으면 송이를 나눠 자른 브로콜리를 넣고 1분간 데친 뒤 찬물에 담가 식히고 물기를 뺀다. 바나나는 껍질을 벗기고 한입 크기로 썬다. 손질한 재료를 모두 얼린다.

1 믹서에 냉동 채소와 과일을 포함한 모든 재료를 넣고 곱게 간다. 입맛에 따라 두유, 꿀로 농도와 당도를 조절한다.

memo

○

참고사항

○ 모든 재료를 실온에 두었을 경우에는 얼음을 넣어서 온도를 조절합니다.

영양지식

○ 녹차 속 카테킨은 활성산소를 제거하고 중금속 오염도 예방할 수 있어요. 심신을 안정해주는 L-테아닌 또한 가득해 스무디에 활용해도 좋습니다.

○ 바나나의 풍부한 칼륨은 나트륨이 신체에 미치는 영향을 조절하는 데 도움을 줘요. 또한 수면장애 해소에 도움이 되는 트립토판도 들어 있으며 운동, 숙면, 영양에도 탁월해요.

Spinach Pineapple Smoothie & Herb Apple Smoothie

○

시금치파인애플스무디 & 허브사과스무디

달콤한 과일은 쌉싸름한 녹색 잎채소를 부드럽고 맛있게 즐길 수 있게 도와주는 훌륭한 재료입니다. 시금치와 허브는 신선한 것을 사용하는 게 가장 좋습니다. 풋내를 줄이고 싶다면 끓는 물에 10초 정도 데친 뒤 조리하세요.

ingredient

시금치 1컵
냉동 파인애플 1/2컵
아몬드 밀크 1/2컵
꿀 1/2큰술

Prep. 파인애플은 한입 크기로 썰어 얼린다.

1. 시금치는 뿌리와 줄기를 자르고 잎만 깨끗하게 씻은 뒤 물기를 뺀다.
2. 믹서에 냉동 과일과 시금치 잎을 포함한 모든 재료를 넣고 곱게 간다. 입맛에 따라 아몬드 밀크, 꿀로 농도와 당도를 조절한다.

ingredient

사과 1/2컵
냉동 청포도 1/2컵
바질 잎 1/2컵
파슬리 1/2컵
꿀 1/2큰술
탄산수 1/2컵

Prep. 사과는 심지와 씨를 제거하고 한입 크기로 썬다.

1. 믹서에 냉동 과일을 포함한 모든 재료를 넣고 곱게 간다. 입맛에 따라 탄산수, 꿀로 농도와 당도를 조절한다.

memo

○

참고사항

○ 모든 재료를 실온에 두었을 경우에는 얼음을 넣어서 온도를 조절합니다.

○ 잎채소를 데치면 색이 고와져서 먹음직스러운 스무디가 됩니다.

영양 지식

○ 시금치는 비타민A, B, C, E, 엽산, 철분, 칼슘, 섬유소 등 다양한 영양소와 더불어 루테인과 제아잔틴이 포함되어 노화 예방 및 시력 관리에도 큰 도움이 됩니다. 튀지 않는 맛이어서 스무디에도 자주 활용되지요.

○ 사과 껍질에는 안토시아닌, 펙틴, 칼륨 등 몸에 좋은 영양소가 풍부해 껍질째 먹으면 더욱 좋아요. 장 운동을 자극해주니 잘 씻어서 챙겨드세요.

Kale Orange Smoothie & Mango Turmeric Smoothie

○

케일오렌지스무디 & 망고강황스무디

스무디는 재료 간 맛의 조화를 확인할 수 있는 메뉴입니다. 예를 들어 쌉싸름한 케일과 상큼한 오렌지로 만든 스무디에서는 싱그러운 맛을 느낄 수 있고, 망고주스에 강황가루를 넣으면 톡 쏘는 망고주스 느낌의 음료가 되지만, 요거트를 추가하면 인도 음료인 '라씨'가 됩니다. 이처럼 다양한 재료를 섞으며 내가 좋아하는 '음료의 맛'을 찾길 바랍니다.

---

ingredient

케일 1컵
냉동 오렌지 1개
코코넛 워터 1/2컵
꿀 1/2큰술
얼음 1/2줌

Prep. 오렌지는 껍질을 벗기고 한입 크기로 썬 뒤 얼린다.

1 케일은 줄기를 자르고 잎만 한입 크기로 썬다.

2 미서에 냉동 과일과 한입 크기로 썬 케일 잎을 포함한 모든 재료를 넣고 곱게 간다. 입맛에 따라 코코넛 워터, 꿀로 농도와 당도를 조절한다.

---

ingredient

냉동 망고 1컵
코코넛 밀크 1/2컵
강황가루 1작은술
레몬즙 1큰술
꿀 1큰술

Prep. 망고는 반으로 자르고 과육만 빼내 한입 크기로 썬 뒤 얼린다.

1 믹서에 냉동 과일을 포함한 모든 재료를 넣고 곱게 간다. 입맛에 따라 코코넛 밀크, 꿀로 농도와 당도를 조절한다.

memo

○

영양 지식

- 항산화 작용을 일으키는 베타카로틴이 가장 높은 녹황색 채소를 꼽으라면 제일 먼저 케일을 언급할 수 있습니다. 케일은 칼슘 함량 또한 높아 성장기 어린이에게 큰 도움이 되지요. 하지만 특유의 씁쓸한 맛 때문에 손이 잘 가지 않는데요, 시트러스 과일과 함께 먹으면 그 맛이 중화되니 스무디로 도전해보세요.
- 강황가루는 알싸한 향과 색이 매력적인 향신료입니다. 강황가루에는 '커큐민'이란 성분이 있는데, 이는 항염, 항산화, 항암, 항스트레스, 항아밀로이드(뇌에 축적된 아밀로이드를 줄여주는 데 도움)를 일으키는 것으로 알려져 있습니다. 커큐민의 체내 흡수를 돕기 위해서는 코코넛 밀크, 올리브오일과 같은 지용성 물질이 필요한데요, 스무디로 먹으면 거북하지 않게 섭취할 수 있습니다.

Vanilla Banana Smoothie & Peach Yogurt Smoothie

○

바닐라바나나스무디 & 복숭아요거트스무디

건강한 디저트로도, 아침 식사로도 즐길 수 있는 과일 스무디 레시피입니다. 스무디의 기본 재료인 바나나에 바닐라를 더하면 한층 고급스러운 맛을 느낄 수 있습니다. 바닐라빈은 다소 비싸고 사용이 번거로울 수 있으니 바닐라 에센스나 익스트랙으로 대체해보세요. 복숭아와 요거트는 누구나 아는 황금 레시피로, 아몬드 밀크 대신 오트 밀크나 두유를 사용해도 훌륭한 맛을 냅니다.

ingredient

냉동 바나나 1개
바닐라 익스트랙 1/4작은술
두유 1/2컵
꿀 1큰술

Prep. 바나나는 껍질을 벗기고 한입 크기로 썬 뒤 얼린다.

1 믹서에 냉동 과일을 포함한 모든 재료를 넣고 곱게 간다. 입맛에 따라 두유, 꿀로 농도와 당도를 조절한다.

ingredient

냉동 복숭아 1컵
그릭 요거트 1/2컵
아몬드 밀크 1/2컵
꿀 1큰술

Prep. 복숭아는 껍질을 벗기고 한입 크기로 썬 뒤 얼린다.

1 믹서에 냉동 과일을 포함한 모든 재료를 넣고 곱게 간다. 입맛에 따라 아몬드 밀크, 꿀로 농도와 당도를 조절한다.

영양 지식

- 두유는 콩 단백질의 소화율을 높게 만들어 물 대신 스무디에 활용하면 좋습니다. 두유 속 이소플라본은 여성 갱년기 증상과 골다공증 예방에 효과적이에요. 또한 유제품을 먹으면 배가 더부룩하거나 설사를 하는 유당불내증 환자들에게 좋은 대체품이 될 수 있습니다.
- 그릭 요거트는 단백질이 높은 편입니다. 그래서 먹었을 때 포만감이 오래 유지되지요. 여기에 프로바이오틱스, 칼슘, 마그네슘, 인 등이 풍부해 장에도 좋고, 뼈를 단단하게 만들어주며, 혈당 조절에도 효과적이어서 대중적으로 큰 인기를 끌고 있습니다. 하지만 지방과 칼로리가 높아 과다하게 섭취하면 체중에 영향을 미칠 수 있으니 주의해야 합니다.

memo

○

Blueberry Chia Seeds Smoothie & Pineapple Piña Colada Smoothie

○

블루베리치아씨드스무디 & 피나콜라다스무디

물을 흡수해 통통해진 치아씨드를 조심조심 씹으면 작은 열매를 먹는 것 같은 톡톡 터지는 식감을 느낄 수 있습니다. 여기에 블루베리 더해 식감을 한층 더 살리면 재미있는 스무디가 되지요. 단, 치아씨드가 수분을 많이 흡수하면 스무디가 걸쭉하게 변하므로 만든 뒤 바로 먹는 게 가장 좋습니다. 피나콜라다는 트로피컬한 분위기의 화사한 맛이 매력적인 음료입니다. 작은 장식 우산을 음료 위에 꽂아 무알코올 칵테일처럼 꾸밀 수도 있어요.

---

ingredient

냉동 블루베리 1컵
냉동 바나나 1개
우유 1/2컵
치아씨드 1큰술
꿀 1큰술

Prep. 바나나는 껍질을 벗기고 한입 크기로 썬 뒤 얼린다.

1 믹서에 냉동 과일을 포함한 모든 재료를 넣고 곱게 간다. 취향에 따라 우유, 꿀로 농도와 당도를 조절한다.

---

ingredient

냉동 파인애플 1컵
냉동 바나나 1개
코코넛 밀크 1/2컵
꿀 1큰술

Prep. 파인애플과 바나나는 껍질을 벗기고 한입 크기로 썬 뒤 얼린다.

1 믹서에 냉동 과일을 포함한 모든 재료를 넣고 곱게 간다. 입맛에 따라 코코넛 밀크, 꿀로 농도와 당도를 조절한다.

memo

○

영양 지식

- 치아씨드는 수용성 식이섬유가 풍부해 변비 개선에 탁월합니다. 또한 칼슘도 많아서 매일 1큰술씩 섭취하면 손쉽게 칼슘 권장량을 보충할 수 있습니다.
- 코코넛 밀크 속 중쇄사슬중성지방산(MCTs)은 열생산 과정을 통해 에너지를 자극해 체지방 감소에 도움을 준다고 해요. 더불어 장내 세균의 균형을 맞추는 데에도 도움이 됩니다.

CCACI Juice & ABCC Juice

○

CCACI주스 & ABCC주스

CCA(Cabbage, Carrot, Apple) 주스에 감귤류를 더해 만든 CCACI(Cabbage, Carrot, Apple, Citrus) 주스입니다. 감귤류 과일로는 오렌지, 자몽, 귤 등 취향에 따라 활용해 상큼한 맛을 더해 보세요. 또 다른 조합으로는 CCA주스에 비트를 추가한 ABCC주스가 있습니다. 비트는 적은 양으로도 장미처럼 붉은 색감을 줄 수 있어요.

ingredient

사과 1개
당근 1개
양배추 250g
오렌지 1개
물 1/2컵

1 사과는 깨끗하게 씻어서 심지와 씨를 제거하고 한입 크기로 썬다. 당근과 오렌지, 양배추는 껍질을 제거하고 한입 크기로 썬다.

2 믹서에 한입 크기로 썬 사과, 당근, 오렌지, 양배추, 물을 넣고 곱게 간다.

ingredient

사과 1개
당근 1개
비트 100g
양배추 250g
물 1/2컵

1 사과는 깨끗하게 씻어서 심지와 씨를 제거하고 한입 크기로 썬다. 당근과 비트, 양배추는 껍질을 제거하고 한입 크기로 썬다.

2 믹서에 한입 크기로 썬 사과, 당근, 비트, 양배추, 물을 넣고 곱게 간다.

memo

○

영양 지식

- 오렌지, 자몽, 라임, 레몬 등의 감귤류는 비타민C가 풍부해 항산화 기능이 뛰어납니다. 콜라겐 합성에 관계하며 철분 흡수를 도우니 CCA 주스에 부스터처럼 함께 갈아 마셔보세요.
- 비타민U가 풍부해 위장 장애에 효과적인 양배추는 비타민C, K 또한 많아 뼈 건강에도 중요한 역할을 합니다. 영양소를 제대로 섭취하려면 생으로 먹거나 짧은 시간 쪄서 드세요.

Berry Berry Smoothie Bowl & Coffee Energy Smoothie Bowl

베리베리스무디볼 & 커피에너지스무디볼

베리류는 냉동 보관을 해도 상큼한 맛과 영양이 손실되지 않아 스무디 볼을 만들기에 적합한 재료입니다. 라즈베리, 블랙베리, 블루베리, 아사이 중 하나만 선택해서 가는 것보다 다양한 베리를 섞어서 갈면 짙고 고운 색감의 스무디 볼을 만들 수 있습니다. 커피스무디볼은 커피로 아침을 시작하는 사람들이 선호하는 메뉴입니다. 운동을 한다면 초콜릿 맛 프로틴 파우더를 1~2큰술 추가해 단백질을 보완해도 좋습니다.

---

ingredient

냉동 베리 믹스 1컵
아몬드 밀크 1/2컵
꿀 1큰술
얼음 약간

토핑

과일 약간
견과류 약간

1. 믹서에 모든 재료를 넣고 곱게 간다. 너무 되직하면 얼음을 1개씩 넣고 갈면서 농도를 조절한다.
2. 그릇에 베리베리스무디를 담고 토핑을 올린다.

---

ingredient

냉동 바나나 1개
인스턴트 커피 1/2큰술
뜨거운 물 1큰술
두유 1/2컵
땅콩버터 1큰술
꿀 1큰술

토핑

송송 썬 바나나 약간
다진 땅콩 약간
꿀 약간
민트 잎 약간

Prep. 바나나는 껍질을 벗기고 한입 크기로 썬 뒤 얼린다.

1. 뜨거운 물에 인스턴트 커피를 넣고 녹을 때까지 잘 젓는다.
2. 믹서에 모든 재료를 넣고 곱게 간다. 너무 되직하면 얼음을 1개씩 넣고 갈면서 농도를 조절한다.
3. 그릇에 커피에너지스무디를 담고 토핑을 올린다.

영양 지식

- 베리류는 당이 높지 않아서 당에 민감한 분들도 편하게 섭취할 수 있는 열매입니다. 널리 알려진 것처럼 베리에는 비타민C, E 베타카로틴이 풍부해 강력한 항산화제 역할을 해요.
- 땅콩 속에 있는 루테올린은 치매, 뇌혈관 질환 예방에 도움을 주고, 레스베라톨 성분은 심혈관질환 발생 위험을 낮춰줍니다. 최근 단백질과 식이섬유가 많이 든 땅콩버터를 식전에 먹으면 혈당이 급증하는 걸 막아준다고 하여 인기가 높은데요, 칼로리가 높으니 하루 1~2스푼 정도의 양만 섭취하세요.

Classic Açaí Smoothie Bowl & Kiwi Soy Milk Smoothie Bowl

○

아사이스무디볼 & 키위두유스무디볼

'아사이'는 스무디 볼에 들어가는 재료 중에서도 가장 클래식한 재료로 손꼽힙니다. 진한 풍미와 건강함을 한 그릇에 담은 아사이스무디볼은 언제 먹어도 만족스러운 메뉴입니다. 키위두유스무디볼은 상큼함을 극대화한 메뉴예요. 되직한 질감을 원한다면 두유나 아몬드 밀크를 얼음틀에 얼린 뒤 스무디 볼을 만들 때 함께 갈아보세요. 더욱 풍성한 맛과 부드러운 질감을 즐길 수 있습니다.

---

ingredient

냉동 바나나 1/2개
냉동 아사이 퓨레 200g
냉동 블루베리 1/2컵
그릭 요거트 1/2컵

토핑

블루베리 약간
송송 썬 바나나 약간
민트 잎 약간
참깨 약간

Prep. 바나나는 껍질을 벗기고 한입 크기로 썬 뒤 얼린다.

1. 믹서에 모든 재료를 넣고 곱게 간다. 너무 되직하면 얼음을 1개씩 넣고 갈면서 농도를 조절한다.
2. 그릇에 아사이스무디를 담고 토핑을 올린다.

---

ingredient

냉동 키위 2개
냉동 바나나 1/2개
두유 1/2컵
레몬즙 1큰술

토핑

슬라이스한 키위 약간
송송 썬 바나나 약간
레몬 제스트 약간
꿀 약간
파슬리 잎 약간

Prep. 키위와 바나나는 껍질을 벗기고 한입 크기로 썬 뒤 얼린다.

1. 믹서에 모든 재료를 넣고 곱게 간다. 너무 되직하면 얼음을 1개씩 넣고 갈면서 농도를 조절한다.
2. 그릇에 키위스무디를 담고 토핑을 올린다.

영양 지식

- 아사이베리는 브라질 열대우림에서 자생하는 베리류로 철분과 필수 아미노산, 지방산 및 각종 비타민이 풍부해 '전설적 치유제'로도 불리웁니다. 특히 안토시아닌이 블루베리의 약 6배에 이를 정도로 항산화 능력이 탁월한 열매입니다.
- 키위 속 천연 소화 효소인 액티니딘은 장 건강과 소화에 도움이 됩니다. '천연 비타민'이라고 일컫을 만큼 엽산과 비타민을 비롯해 다양한 미네랄이 풍부하여 하루 1개만 먹어도 그 권장량을 채울 정도예요.

Carrot Cinnamon Smoothie Bowl

○

당근시나몬스무디볼

과일 위주의 스무디 볼이 식상하다면 고운 주황빛이 매력적인 당근스무디볼을 추천합니다. 당근의 은은한 단맛은 견과류, 시나몬과 잘 어우러져 마치 차가운 당근 케이크를 떠먹는 듯한 즐거움을 줍니다. 여기에 메이플 시럽을 약간 추가하면 더욱 풍부한 맛을 느낄 수 있습니다.

---

ingredient

냉동 당근 1개
냉동 오렌지 1개
냉동 바나나 1개
시나몬 파우더 1/2작은술
코코넛 밀크 1/4컵

토핑

채썬 당근 약간
코코넛 플레이크 약간
다진 호두 약간
시나몬 파우더 약간

Prep. 당근은 한입 크기로 썬다. 냄비에 물, 소금을 넣고 한소끔 끓인다. 물이 끓으면 한입 크기로 썬 당근을 넣고 푹 익을 때까지 삶은 뒤 물기를 뺀다. 오렌지는 한입 크기로 썬다. 손질한 모든 재료를 얼린다.

1 믹서에 냉동 채소와 과일을 포함한 모든 재료를 넣고 곱게 간다. 너무 되직하면 얼음을 1개씩 넣고 갈면서 농도를 조절한다.

2 그릇에 당근스무디를 담고 토핑을 올린다.

memo

○

영양 지식

시나몬은 고대부터 자주 사용해온 역사 깊은 향신료예요. 주성분인 신나믹 알데하이드는 염증 완화 효과가 있어 만성질환을 관리하는 데 도움을 주지요. 제철을 맞은 겨울 당근을 시트러스류와 함께 섭취하면 피부 혈관 확장 작용을 유도하고 온 몸에 혈액 공급을 원활하게 해 체온을 유지시켜서 감기 증상 완화에도 효과적입니다.

딸기바질워터&레몬석류워터 ○ 오렌지로즈메리워터&오이민트워터 ○ 자몽청양고추워터&라임생강워터

수분을 보충해주는
디톡스 클렌징 워터

맹물을 마시기 어려워하는 분들이 있어요. 그렇다면 시원하고 향기로운 디톡스 클렌징 워터를 권해봅니다. 간혹 식당에서 레몬을 넣은 물을 주기도 하는데요, 이것 또한 디톡스 클렌징 워터에 속합니다. 얇게 저민 과일, 손질한 허브와 채소를 더해서 좋은 향이 나는 비타민 물을 마셔보세요.

tip. 클렌징 워터는 만들기 쉬운 분량으로 표기했습니다.

· 냉장고에 보관 ·

모든 재료와 완성된 디톡스 클렌징 워터는 냉장고에 넣어 보관하고, 신선한 재료가 들어갔으니 하루 안에 마시는 걸 추천합니다.

· 깨끗하게 세척 ·

모든 재료를 깨끗하게 세척해야 합니다. 감귤류는 베이킹 소다와 소금으로 껍질을 박박 문질러 껍질에 남아 있는 왁스를 제거해주세요.

Strawberry Basil Water & Lemon Pomegranate Water

딸기바질워터 & 레몬석류워터

바질은 민트를 연상케하는 상쾌한 향이 특징인 허브로써, 채소와 과일 어느 재료와도 잘 어울리지만 새콤달콤한 맛과 가장 잘 어우러진다고 볼 수 있습니다. 바질과 레몬만 넣은 디톡스 클렌징 워터도 만들어보고, 물도 탄산수로 바꿔보면서 나만의 재료 조합을 찾아보세요.

ingredient

딸기 4개
바질 잎 5장
찬물 3컵
얼음 1컵

1. 딸기는 흐르는 물에 씻은 뒤 꼭지를 떼고 얇게 저민다.
2. 물병에 얇게 저민 딸기을 포함한 모든 재료를 넣는다.
3. 딸기바질워터를 냉장고에 넣고 2시간 후에 마신다.

ingredient

레몬 1개
석류 1/4개
찬물 3컵
얼음 1컵

1. 레몬은 베이킹 소다와 굵은 소금으로 껍질을 박박 문질러 씻은 뒤 껍질째 얇게 반달썰기한 뒤 씨를 제거한다. 석류는 알을 분리한다.
2. 물병에 얇게 썬 레몬, 석류알을 포함한 모든 재료를 넣는다.
3. 레몬석류워터를 냉장고에 넣고 2시간 후에 마신다.

memo

영양 지식

- 피로 회복과 긴장 완화에 효과적이라 향료로도 활용되는 바질. 바질 속 게라니올은 여성호르몬 분비를 촉진해 생리불순과 여성 갱년기 증상 완화에 도움을 줍니다.
- 석류 속 피토에스트로겐은 여성호르몬과 유사한 작용을 해 갱년기, 생리불순 완화 등에 특히 효과적인 과일입니다. 안토시아닌과 라이코펜은 혈액순환을 돕고 동맥경화, 전립선암을 예방하므로 남성에게도 이롭답니다.

Orange Rosemary Water & Cucumber Mint Water

오렌지로즈메리워터 & 오이민트워터

껍질을 잘 손질한 감귤류를 물에 넣으면 과일 향이 풍부하게 퍼집니다. 오이민트워터는 여름철에 잘 어울리는 레시피입니다. 길고 얇게 저민 오이를 잔에 담으면 칵테일 같은 분위기를 연출할 수 있습니다. 신선한 민트 잎을 넣으면 상쾌한 향까지 느낄 수 있어 기분 좋게 마실 수 있습니다.

ingredient

오렌지 1개
로즈메리 3줄기
찬물 3컵
얼음 1컵

1. 오렌지는 베이킹 소다와 굵은 소금으로 껍질을 박박 문질러 씻고 껍질째 얇게 은행잎 모양으로 썬다. 로즈메리는 적당한 크기로 뜯는다.
2. 물병에 은행잎 모양으로 썬 오렌지를 포함한 모든 재료를 넣는다.
3. 오렌지로즈메리워터를 냉장고에 넣고 2시간 후에 마신다.

ingredient

오이 1/2개
민트 2줄기
찬물 3컵
얼음 1컵

1. 오이는 세로로 2등분한 뒤 껍질째 채칼로 길게 저민다. 민트는 잎만 뗀다.
2. 물병에 길게 저민 오이를 포함한 모든 재료를 넣는다.
3. 오이민트워터를 냉장고에 넣고 2시간 후에 마신다.

memo

영양지식

- 로즈메리 속 로즈마린산과 카르노식산은 항염, 항산화 효능이 뛰어나 단순 염증 외에 다양한 질환 개선에도 도움을 줍니다. 또한 소화 기능과 집중력 향상에도 효과적이어서 따뜻한 차, 디톡스 워터처럼 수시로 마시면 좋습니다.
- 물 특유의 비린맛 때문에 물 마시기가 어렵다면 오이로 완화해보세요. 오이에 든 수분, 수용성 비타민, 미네랄 등 수많은 영양소를 간편하게 섭취할 수 있으며, 체중 감량과 노폐물 배출에도 효과적입니다.

Grapefruit Jalapeño Water & Lime Ginger Water

○

자몽청양고추워터 & 라임생강워터

고추는 약간의 단맛과 톡 쏘는 향을 지니고 있어 감귤류, 특히 쌉싸름한 자몽과 훌륭한 조화를 이룹니다. 다만 씨가 섞이면 마시기 불편할 수 있으니 미리 제거하는 것이 좋습니다. 생강에 라임을 더하면 스파이시한 향과 맛이 한층 강화됩니다. 이 조합은 물만 마시기 부담스러운 분들에게 추천하는 상쾌한 선택입니다.

---

ingredient

자몽 1/2개
청양고추 1/2개
찬물 3컵
얼음 1컵

1 자몽은 베이킹 소다와 굵은 소금으로 껍질을 박박 문질러 씻고 껍질째 약간 두툼하게 은행잎 모양으로 썬다. 청양고추는 송송 썬다.

2 물병에 은행잎 모양으로 썬 자몽, 송송 썬 청양고추를 포함한 모든 재료를 넣는다.

3 자몽청양고추워터를 냉장고에 넣고 2시간 후에 마신다.

---

ingredient

라임 1개
생강 1톨(3cm)
찬물 3컵
얼음 1컵

1 라임은 베이킹 소다와 굵은 소금으로 껍질을 박박 문질러 씻고 껍질째 얇게 썬다. 생강은 껍질을 벗긴 뒤 얇게 저민다.

2 물병에 얇게 썬 라임, 얇게 저민 생강을 포함한 모든 재료를 넣는다.

3 라임생강워터를 냉장고에 넣고 2시간 후에 마신다.

memo

○

영양 지식

○ 자몽 속 파이토케미컬은 체중 감량, 특히 복부지방 감소에 탁월하지요. 자몽워터에 청양고추를 추가한다면 캡사이신 덕분에 신진대사는 높이고 식욕은 줄이는 효과를 볼 수 있습니다.

○ 생강 속 진저롤과 쇼가올은 소화를 돕고 몸의 염증을 가라앉히며 몸을 따뜻하게 만들어줍니다. 톡 쏘는 탄산수에 재료를 넣어 맛과 면역 기능 또한 함께 높여보세요.

초보자를 위한 2주 식단 프로그램

채소·과일식이 처음이라면 아침 식사로 접해보는 걸 제안합니다. 휴일에 평일 동안 먹을 만큼의 분량을 미리 만들어 냉장고에 보관하거나, 조리에 필요한 재료를 모두 손질하여 둔다면 요리하기가 쉬워 훨씬 간편하게 느껴질 겁니다.

아침에 따뜻한 음식을 선호하는 분이 있고, 차가운 음식을 선호하는 분이 있기 때문에 프로그램을 구분했습니다. 취향에 맞춰 프로그램을 따라 하거나 나에게 맞게 바꿔 활용해보기 바랍니다.

1주차 따뜻한 식단

Day	아침(오전 8~11시)
1day	감자케일수프(75쪽)+당근딥(59쪽)+채소찜
2day	배추두유수프(77쪽)+올리브타프나드(67쪽)+채소찜
3day	감자케일수프(75쪽)+당근딥(59쪽)+채소찜
4day	토마토흰콩수프(83쪽)+비건두부마요네즈(51쪽)+채소찜
5day	뿌리채소땅콩소스웜샐러드(101쪽)
6day	토마토흰콩수프(83쪽)+비건두부마요네즈(51쪽)+채소찜
7day	렌틸콩보리웜샐러드(97쪽)

2주차 따뜻한 식단

Day	아침(오전 8~11시)
8day	옥수수탕(89쪽)+두부마리네이드(147쪽)
9day	배추두유수프(77쪽)+올리브타프나드(67쪽)+채소찜
10day	옥수수탕(89쪽)+두부마리네이드(147쪽)
11day	현미밥+청경채두부탕(91쪽)
12day	배추두유수프(77쪽)+올리브타프나드(67쪽)+채소찜
13day	토마토흰콩수프(83쪽)+비건두부마요네즈(51쪽)+채소찜
14day	현미밥+청경채두부탕(91쪽)

1주차 시원한 식단

Day	아침(오전 8~11시)
1day	베리베리스무디볼(263쪽)
2day	지중해식모듬콩샐러드(105쪽)
3day	베리베리스무디볼(263쪽)
4day	지중해식모듬콩샐러드(105쪽)
5day	ABCC주스(261쪽)
6day	블루베리치아씨드스무디(259쪽)
7day	베리베리스무디볼(263쪽)

2주차 시원한 식단

Day	아침(오전 8~11시)
8day	허브사과스무디(253쪽)
9day	키위두유스무디볼(265쪽)
10day	허브사과스무디(253쪽)
11day	ABCC주스(261쪽)
12day	키위두유스무디볼(265쪽)
13day	ABCC주스(261쪽)
14day	허브사과스무디(253쪽)

직장인을 위한 2주 도시락 프로그램

가끔 점심을 먹어도 속이 헛헛할 때가 많아요. 또는 반대로 속이 더부룩해 오후 내내 불편하게 지내기도 하지요. 외식 메뉴에는 주로 맛을 내기 위해 첨가물을 많이 넣거나 초가공식품을 써요. 그래서 오후가 되면 혈당이 높아져 졸음이 쏟아지거나 반대로 보충 에너지를 찾기 위해 간식 생각이 나기 마련이지요. 가급적 밖에서 사 먹는 음식을 줄이고 싶다면 도시락보다 좋은 건 없습니다. 도시락 싸기가 처음이어도 겁내지 마세요. 먹고 싶은 메뉴를 만들어서 냉장고에 보관하고 도시락 통에 담고 데워 먹으면 그만이니까요.

1주차 샐러드 식단

Day	점심(오후 12~2시)
1day	단호박토핑샐러드(95쪽) 완두콩후무스(65쪽)+채소찜 가지피클(139쪽)
2day	렌틸콩보리웜샐러드(97쪽) 당근딥(59쪽)+채소찜 두부마리네이드(147쪽)
3day	단호박토핑샐러드(95쪽) 완두콩후무스(65쪽)+채소찜 가지피클(139쪽)
4day	렌틸콩보리웜샐러드(97쪽) 당근딥(59쪽)+채소찜 두부마리네이드(147쪽)
5day	뿌리채소땅콩소스웜샐러드(101쪽) 토마토흰콩수프(83쪽)
6day	단호박토핑샐러드(95쪽) 완두콩후무스(65쪽)+채소찜 가지피클(139쪽)
7day	뿌리채소땅콩소스웜샐러드(101쪽) 토마토흰콩수프(83쪽)

2주차 샐러드 식단

Day	점심(오후 12~2시)
8day	지중해식모듬콩샐러드(105쪽) 스프링롤(121쪽)

9day	미니단호박구이(106쪽) 비트당근코울슬로(115쪽)
10day	두부마리네이드포케(127쪽) 당근라페(145쪽)
11day	단호박토핑샐러드(95쪽) 완두콩후무스(65쪽)+채소찜 가지피클(139쪽)
12day	두부마리네이드포케(127쪽) 당근라페(145쪽)
13day	단호박토핑샐러드(95쪽) 완두콩후무스(65쪽)+채소찜 가지피클(139쪽)
14day	포두부채소말이(123쪽) 두부마리네이드(147쪽) 방울토마토마리네이드(149쪽)

1주차 한식 식단

Day	점심(오후 12~2시)	
1day	현미밥 참나물청포묵무침(209쪽)	연근들깨탕(87쪽) 톳두부무침(211쪽)
2day	현미밥 참깨크러스트두부구이(221쪽)	옥수수탕(89쪽) 우엉잡채(219쪽)
3day	현미밥 참나물청포묵무침(209쪽)	연근들깨탕(87쪽) 톳두부무침(211쪽)
4day	현미밥 참깨크러스트두부구이(221쪽)	옥수수탕(89쪽) 우엉잡채(219쪽)
5day	렌틸콩보리웜샐러드(97쪽) 두부마리네이드(147쪽)	감자케일수프(75쪽) 구운대파절임(153쪽)
6day	현미밥 참나물청포묵무침(209쪽)	연근들깨탕(87쪽) 톳두부무침(211쪽)
7day	렌틸콩보리웜샐러드(97쪽) 두부마리네이드(147쪽)	감자케일수프(75쪽) 구운대파절임(153쪽)

2주차 한식 식단

Day	점심(오후 12~2시)	
8day	렌틸콩보리웜샐러드(97쪽) 두부마리네이드(147쪽)	감자케일수프(75쪽) 구운대파절임(153쪽)
9day	현미밥 퀴노아미트볼(165쪽)	청경채두부탕(91쪽) 콩나물장아찌(161쪽)
10day	렌틸콩보리웜샐러드(97쪽) 두부마리네이드(147쪽)	감자케일수프(75쪽) 구운대파절임(153쪽)
11day	현미밥 퀴노아미트볼(165쪽)	청경채두부탕(91쪽) 콩나물장아찌(161쪽)
12day	현미밥 렌틸콩미트볼(163쪽)	연근들깨탕(87쪽) 부추콩가루찜(217쪽)
13day	현미밥 마들깨무침(207쪽)	청경채두부탕(91쪽) 톳두부무침(211쪽)
14day	현미밥 렌틸콩미트볼(163쪽)	연근들깨탕(87쪽) 부추콩가루찜(217쪽)

임금님 다이어트 4주 프로그램

다이어트를 하려고 초절식을 하거나 1일 1식을 하는 분이 늘었어요. 하지만 살은 일부러 빼는 게 아니에요. 체내 독소가 빠지는 과정에서 다이어트는 저절로 되는 거랍니다. 그래서 저는 '건강하면 살은 저절로 빠진다'는 이야기를 합니다. 먹는 시간과 배출 시간을 지키고 건강한 살아 있는 음식만 섭취한다면 자연스럽게 다이어트가 될 것입니다.
이 프로그램은 아침, 저녁만 어떻게 먹어야 하는지 알려주고 있어요. 점심은 도시락 프로그램을 참고하거나 먹기 편리한 것으로 채우세요. 점심은 꼭 든든하게 먹어야 하루를 잘 보낼 수 있다는 걸 명심하세요.

1주차 다이어트 식단

Day	아침(8~11시)	저녁(오후 6~7시)
1day	ABCC주스(261쪽)	주키니페스토파스타(185쪽) 두부마리네이드(147쪽)
2day	CCACI주스(261쪽)	콜리플라워김치볶음밥(189쪽) 가지쌈장(43쪽)+채소찜
3day	ABCC주스(261쪽)	현미밥 청경채두부탕(91쪽) 로스트알배추시저샐러드(99쪽) 렌틸콩미트볼(163쪽)
4day	CCACI주스(261쪽)	현미밥 연근들깨탕(87쪽) 병아리콩후무스(63쪽)+채소스틱 두부마리네이드(147쪽)
5day	ABCC주스(261쪽)	로스트알배추시저샐러드(99쪽) 타코샐러드볼(133쪽) 두부마리네이드(147쪽)
6day	CCACI주스(261쪽)	현미밥 청경채두부탕(91쪽) 로스트알배추시저샐러드(99쪽) 렌틸콩미트볼(163쪽)
7day	ABCC주스(261쪽)	콜리플라워김치볶음밥(189쪽) 가지쌈장(43쪽)+채소찜

2주차 다이어트 식단

Day	아침(8~11시)	저녁(오후 6~7시)
8day	허브사과스무디(253쪽)	감자아스파라거스감바스(179쪽) 참깨크러스트두부구이(221쪽) 채소피클(143쪽)
9day	블루베리치아씨드스무디(259쪽)	콜리플라워김치볶음밥(189쪽) 청경채두부탕(91쪽) 견과류쌈장(45쪽)+채소찜
10day	허브사과스무디(253쪽)	브로콜리알감자납작구이(223쪽) 참깨크러스트두부구이(221쪽) 채소피클(143쪽)
11day	블루베리치아씨드스무디(259쪽)	현미밥 청경채두부탕(91쪽) 연근명란샐러드(103쪽) 렌틸콩미트볼(163쪽)
12day	허브사과스무디(253쪽)	콜리플라워김치볶음밥(189쪽) 비건두부마요네즈(51쪽)+채소찜
13day	블루베리치아씨드스무디(259쪽)	현미밥 청경채두부탕(91쪽) 로스트알배추시저샐러드(99쪽) 렌틸콩미트볼(163쪽)
14day	허브사과스무디(253쪽)	브로콜리알감자납작구이(223쪽) 과카몰리(57쪽) 채소피클(143쪽)

3주차 다이어트 식단

Day	아침(8~11시)	저녁(오후 6~7시)
15day	ABCC주스(261쪽)	브로콜리알감자납작구이(223쪽) 옥수수살사(169쪽)+토르티야칩 과카몰리(57쪽)
16day	녹차아보카도스무디(251쪽)	브로콜리버섯감바스(183쪽) 옥수수살사(169쪽)+토르티야칩 과카몰리(57쪽)
17day	ABCC주스(261쪽)	현미밥 연근들깨탕(87쪽) 채소면달걀둥지(213쪽) 궁채장아찌(159쪽)

18day	녹차아보카도스무디(251쪽)	렌틸콩보리웜샐러드(97쪽) 채소면달걀둥지(213쪽) 채소피클(143쪽)
19day	ABCC주스(261쪽)	여름라타투이(187쪽) 아보카도절임(157쪽)
20day	녹차아보카도스무디(251쪽)	콜리플라워스테이크(201쪽) 옥수수살사(169쪽)+토르티야칩
21day	ABCC주스(261쪽)	콜리플라워김치볶음밥(189쪽) 궁채장아찌(159쪽)

4주차 다이어트 식단

Day	아침(8~11시)	저녁(오후 6~7시)
22day	바닐라바나나스무디(257쪽)	주키니페스토파스타(185쪽) 비트당근코울슬로(115쪽)
23day	당근시나몬스무디볼(267쪽)	낫토김토스트(193쪽) 페스토수프(85쪽) 채소면달걀둥지(213쪽)
24day	바닐라바나나스무디(257쪽)	병아리콩포케(131쪽) 퀴노아미트볼(165쪽) 아코디언당근구이(225쪽)
25day	CCACI주스(261쪽)	무지개채소포케(129쪽) 당근딥(59쪽)+채소 스틱
26day	바닐라바나나스무디(257쪽)	두부마리네이드포케(127쪽) 비트당근코울슬로(115쪽)
27day	당근시나몬스무디볼(267쪽)	스프링롤(121쪽) 채소면달걀둥지(213쪽) 허브페스토(53쪽)+채소 스틱
28day	CCACI주스(261쪽)	병아리콩포케(131쪽) 퀴노아미트볼(165쪽) 비트당근코울슬로(115쪽)

저속 노화와 다이어트를 동시에 잡는 초가공식품 디톡스

채소·과일식 레시피

초판 1쇄 발행 2025년 3월 12일
초판 2쇄 발행 2025년 4월 1일

지은이 조승우
요리 정연주
감수 이지연

대표 장선희 **총괄** 이영철
책임편집 정시아 **기획편집** 현미나, 안미성, 오향림
책임디자인 양혜민 **디자인** 이승은
마케팅 김성현, 유효주, 이은진, 박예은
경영관리 전선애
외부스태프 **촬영** 김태유 **푸드 스타일리스트** 이세미(웅접실) **어시스턴트** 신유나

펴낸곳 서사원 **출판등록** 제2023-000199호
주소 서울시 마포구 성암로 330 DMC첨단산업센터 713호
전화 02-898-8778 **팩스** 02-6008-1673 **이메일** cr@seosawon.com

홈페이지

인스타그램

ISBN 979-11-6822-393-6 13590